从菜鸟
到花园达人

玛格丽特　著

U0199258

中国林业出版社

玛家小院风中飘扬的小红裙，曾一度让无数花友倾心。 （蔡丸子 摄）

花园之路

　　玛格丽特常常谦虚地恭维我是她园艺的引路人，其实我们是同路人。认识她已经超过十年，我们一起见证了中国家庭园艺起步的这漫长十年，这十多年岁月正宛若当年她花园中的木质车轮，伴着'粉香槟'铁线莲一路滚滚向前。那时候大多数人还不知铁线莲为何物，我们一起去园艺公司寻觅，恳求人家卖给我们几棵吧；到现在国内可以买到的铁线莲已经超过百种，而花友的花园中几乎家家都有那么几棵。

　　起先我们只在园艺论坛上聊花谈草，她发的花园图片总是能让花友们特别羡慕，我也一样！还记得第一次拜访她的花园，发现其实没比我的花园大多少，但却井然有序而且颇具园艺气息。那时候我正热情高涨，四处去拜访花友们的花园收集素材，玛格丽特不厌其烦地带我去花友家，去郊外的园艺公司寻宝……

　　那次上海之行，印象更深刻的是她花园里两个乖巧可爱的女儿，她一边带孩子、一边耕耘着自己的小院；当年我拍的玛家花园风中飘扬的粉色小裙子一度让无数读者倾心，大家都觉得这样美好的画面正是让人向往的花园生活！对于玛格丽特，那时候只觉得她怎么如此干练呢？而现在更是，不见面都能感受到她风风火火的来来往往，愈发羡慕她竟然有如此充沛的精力。

这几年女儿们迅速长大，依然保持着年轻的玛格丽特从花友角色迅速转身为职业花园人，这真让我刮目相看！她以无限的热情投入到花园事业的方方面面，不仅经营公司、创办了电子刊《花也》，一边还忙碌着筹办2015上海家庭园艺节暨铁线莲花展；现在又一下子出版了好几本手札，俨然成为国内最火爆的花园人啦——真心为她感到高兴——因为我们的花园领域中太缺这样的玛格丽特了！记得很多年前有人问过我，为什么北京的花友总有这样那样的活动，而上海这里却没有这类组织呢？现在我可以回答他了：因为那时候玛格丽特还没腾出空来呢！这几年孩子们长大了，拥有无数粉丝的玛格丽特开始组织花友们活动，不仅上海，还有常州、无锡，甚至在成都也有沙龙。

玛格丽特的花园往事有些很有趣，有些也值得初级花友借鉴，这本书中可以看到当年的初级花友是如何进阶为现在的花园达人。未来我猜她还会有更大更美丽的花园，请和我一起期待吧！

蔡丸子

2015 年 3 月 15 日

玛格丽特的两个女儿沐恩（上）和瑞恩（下）。

玛家小院，我的心灵驿站

2003 年，我拥有了自己的小院，我称它——玛家小院。

玛家小院不大，不到 100 平方米。没有雕塑大理石，也装不下私家泳池和喷泉……它是属于简朴的，一个葡萄架、几方步石、杉木做的台子、花花草草……仅此而已。

但它是丰富的。这里曾有满院的花草盛开，有诱人的瓜果飘香；有与青虫蜗牛的搏斗，还有与来来往往的小野猫抢夺地盘的战争……有发现春天里第一支花绽放时的惊喜，也有冬日里因为花草凋零的惆怅。

它也是温馨的。有从秋千上传来的女儿们银铃般的欢声笑语，有大女儿沐恩为仙去的小金鱼洒下的泪滴，有小女儿瑞恩在果实蔬菜成熟时盼望的眼神和口水，有满园的星光，有葡萄架下曾经的深夜私语……

它也是惬意的。经常在一个阳光或雨后的下午，我捧一杯咖啡，靠在花园座椅上，静听花开的声音，我仿佛可以和它们对话，那时候什么都可以不想，将自己彻底放空。

它当然也是辛劳的。这里有花痴主人曾为它洒下无数汗水，为它无数次腰酸背疼，为它细嫩的双手起了老茧，为它从一个见到蚂蚁绕道的淑女变成杀虫不眨眼的超人女汉子……

　　有汗水和付出，有收获和喜悦……打理玛家小院，就如同打理自己人生。因为有花痴的汗水和付出，才使花园里的植物生命能年复一年破土萌发，灿烂地绽放。人生何尝不是如此？汗水、失落、惆怅……它们是获得成功，内心感到充实和喜悦的奠基石。

　　感谢玛家小院，这个被我养育过无数花花草草，反过来却养育着我的心灵的驿站！

玛格丽特一意

2015 年 3 月 15 日

第一辑

花园悦心，
但建园真的是个体力活。

012 那一年，爱上园艺

016 爱上有花园的日子

020 院子里的杉木台子

025 草坪的变迁

032 短命的鱼池

036 玛家小院的果树情结

040 杉木台子换成中岛区

046 不断折腾的花境区

第二辑

那些曾让
花痴疯狂的植物们。

第三辑

玛家小院，
我一生的记忆。

102 种花种成超女

108 花园里的战争

112 花痴淘花记

116 花痴爱上摄影

120 种花也有悲惨事

124 院子里的喵星主人

130 长颈鹿的故事

134 花园里的小精灵

139 致我深爱的"玛家小院"

目录

contents

054 那一年，疯狂播种

059 花痴大跃进

064 一方蔬菜半亩园

070 两棵蜡梅树

074 恋上铁线莲

080 院子里的球根季节

086 变成多肉控

092 院子里的二月蓝

096 园丁的秋冬花事

"玛家小院"当初并没有什么设计，

就是靠着篱笆四周种花，

中间留下杉木台了以及葡萄架下的青石板区作为主要活动区域。

因为家里有孩子，

所以更多的是考虑实用性。

经过花痴主人多年的改造，玛家小院也变了很多次模样。

鱼池建了再拆、杉木台子换成了中岛区、草坪区变成了花境……

花园的乐趣，来源于这无穷无尽的折腾之中！

春天的鸣家小院，百花争艳。

第一辑

花园悦心，
但建园真的是个体力活。

01

那一年爱上园艺

院子南面的容器组合。

以前住在老弄堂里。弄堂厕所窗台的外面有一小块地儿，那里种了两盆米兰，花期很长，开的小花非常香。因为这两盆米兰，弄堂的厕所留给我的印象也变得明亮而芳香，"园艺"这个词儿，也因此在我心里烙下了美好的印迹。

拥有现在这个院子却是和园艺无关。当时就想着有个院子，让孩子有

草坪换成了花境区。

更大的活动空间，让她们在家就可以接触大自然。所以，院子里　大块抬高了，做了一个杉木的台子，夏天的时候，小孩就光脚在上面玩。当然还需要有块碧绿的草坪，孩子和狗狗快乐嬉戏；还需要有个葡萄架，挂上秋千；还要有果树、花草、菜地，孩子们在院子里可以感受植物的生长，可以吃自己种的有机蔬果，享受大自然的馈赠……真美！一切就按计划开始实行。

一天心血来潮，将院子的图片发到搜狐园艺论坛上，没想到被加精置顶，短短几天，5000多的点击量。天啦，一下子把我美晕了！花友的共鸣和鼓励是最好的动力，从此，便一发不可收拾，园艺也变成了我生活中不可或缺的部分。

然而愿望虽然美好，种花却是菜鸟，完全什么都不懂——

紫露草其实会长很高的，枝条是脆的，一碰会断，根本不适合做小路的围边；

过路黄会长成疯子，拔也拔不干净；

月季和宿根福禄考的位置正好上面有个雨水檐，一下雨便洼，什么也长不好；

跑很远到曹杨路花市想买几个颜色不同的月季品种，结果被忽悠，全

容器组合的花境。

部开成大红色；

而那块碧绿的草坪才一年就被淘汰了——高羊茅长成了疯子，每周都需要修剪，而且狗狗喜欢在院子里尿尿，草地上很快就东一块西一块的黄斑（狗尿太肥，烧的），只好全部挖掉，重新在花市买了草皮回来铺。

……

幸运的是，小菜鸟当时刚踏入园艺论坛，遇到的就都是非常热情非常友好的园艺界大佬：蔡丸子、花和草、臭臭糖、素馨……还有很多其他热心的花友们，她们对我最幼稚的问题也一一耐心回答，为我的每一点小小的进步而喝彩——

冬天的阳台上冷冷清清，三三两两地堆着一些瓜叶菊、长寿花等，花友们会评论说："好温暖的阳台啊！"于是发帖的小菜鸟的心里也充满了温暖；

蜡梅和水仙开花了，傻瓜机拍了破图发到论坛上，花友们会说："嗯，好像闻到了花香呢！"还很耐心地告诉我这个是狗牙蜡梅，不如素馨蜡梅香；漳州水仙是不复球的；需要低温和阳光才能开得好。于是发帖的小菜鸟满心欢喜，还学到了很多知识。

院子里还种了丝瓜和黄瓜，花友们就感叹真向往美好的田园生活，于是发帖的小菜鸟感觉这些黄瓜更香更好吃了，从黄瓜小宝宝到最后收获的老黄瓜全部拍了图片发帖显摆。

渐渐地，小菜鸟学会了播种，花也种得越来越好。还开始了摄影，为了把院子的美丽给更多的花友展示和分享。

如今想来，爱上园艺，不只是因为喜欢花花草草，更是因为有这样一群热爱园艺、分享美好的热心花友们，以及园艺圈内这充满花香和温暖的氛围。

02

爱上有花园的日子

我家的院子是长条形的，朝南，长 11 米、深 4 米，加上东面靠窗多出的一块，基本是 50 平方米的样子。

最开始的时候没有什么设计，就是计划靠着篱笆的四周种花种蔬菜。院子里有个草坪，中间则留下比较大面积的杉木台子，作为主要的活动区

从二楼俯拍的院子，从左到右依次是花境、杉本台子、葡萄架、曾经的草坪区。

杉木台子拆掉后的中岛区。 院子里的蔷薇'七姐妹'爬上了二层的窗台。

域。周围铺上青石板，和边上种花的位置隔开。因为家里有孩子，所以在兼顾种花种菜的同时，更多地是考虑院子的分区和功能性。

经过花痴主人很多年的改造，玛家小院也变了很多次模样。我想，不仅是种花播种，看春华秋实、花开花落，而不断折腾，也是园艺的乐趣吧！

最东面是花境区，南北狭长，被分成了前后两块。靠近屋子的那一块因为有雨水檐，尝试过很多植物，一下雨还是被打得一塌糊涂，便干脆用红砖铺出一块区域，隐蔽起来，作为存放工具、介质和花盆的区域。旁边种上了蜡梅和双荚决明，它俩茂盛的树冠正好也可以作为遮挡，并不影响院子的美观。树下还配置了多年生的萱草、紫露草等。每年秋冬，双荚决明和蜡梅先后绽放满树金黄色的花朵。在不同的季节再在树下搭配一些应季的草花，非常漂亮，因此这块区域基本也不用太多管理。

而一旁的篱笆，很早之前在边上种过的几棵牵牛花，每年花的种子自

杉木台子换掉后，铺上了白色的石子和青石板小路。

然掉落，会自播出好多小苗，常常来不及拔，在夏天便有蓝色、粉色的牵牛开满整个篱笆。幸好篱笆旁藤本月季和铁线莲的花期在春天，不然真是会被牵牛花抢走了风头。

前面的花境属于"折腾区"，在秋天会种上菜，并埋下郁金香的球根；春天蔬菜吃完了，又立刻补种上蓝目菊、花毛莨、耧斗菜、鼠尾草等草花，外围则用角堇或雏菊围边。这里的风景随着季节而不断变换，各种花儿你方唱罢我登场，异彩纷呈。

院子正中间的部分本来是杉木台子，后来拆掉铺上了白色石子，还用青石板铺成一条小路。上面摆了一个白色拱门，拱门一边临东靠近篱笆的位置，有铁线莲'乌托邦'攀援而上，另一边则布置上一些红陶盆，便自然形成了一个特色的中岛区，藤本月季'安吉拉'才一年，枝条便爬上了半个廊架，粉红色的花儿在白色廊架上，格外美丽。

一个花园，葡萄架是必需的，不一定要种葡萄，凌霄、紫藤等攀援植物都是很好的选择，夏天繁茂的枝叶可以给架下带来一片阴凉；而冬天落叶后，坐在架下，一样可以沐浴温暖的阳光。我家种了一棵葡萄，每年夏天都可以吃到最有机的葡萄，还有一棵金银花，春天葡萄刚萌发嫩叶，金银花便盛开了。

葡萄架下铺的是青石板，有台阶直接通往屋子的客厅。户外桌椅便摆放在这个位置，喝茶、聊天甚至烧烤，都主要在这个区域。而葡萄架上还

葡萄架下的花园桌椅上，大部分时间都摆着这样的应季插花。

挂着一个自制的木质秋千，孩子们很喜欢。

最西面的区域，角落里是一棵梨树。本来这块是草坪区，后来草坪被花痴主人不断蚕食，大部分都挖开种上植物，只留了一小块鹅卵石铺出的"棒棒糖"形状的区域。角落里是一棵长了很多年的蔷薇'七姐妹'，不用管理，却每年盛开，枝条甚至长到了二楼的窗户下。篱笆旁则移栽了两棵桂花，遮挡住邻居家煞风景的工具房。

这就是我的花园，我起名玛家小院。每天坐这里捧上一杯咖啡，看满园的花儿盛开，看孩子们在秋千上荡悠嬉戏，有花园的日子，真心美好！

03

院子里的杉木台子

院子最初的模样,那时草坪还没被铲掉。

当初特地买了一楼带院子的房子,主要还是希望给孩子一个可以接触大自然的更大的活动空间。所以在对院子的设计上也是更多考虑小孩的因素。

地砖是首先被我否决掉的。很多人家的院子会把大部分区域铺上地砖,保证最大的活动空间和功能性,种花的地方都留在角落的位置。先不说是不是好看,或者角落是不是能种好花,地砖属于硬装,是需要在地面铺设厚厚的混凝土的,破坏了地面不说,如果今后想要做些改造,把地砖撬掉也是更大的工程。

玛家小院是挑高的设计，院子的地面要比屋子低50厘米，客厅处有个楼梯下到院子。所以第一个念头就是做个半高的木头台子，抬高院子的活动区域，和室内的高度落差也不至于太大。木头相对干净，质地柔和，夏天小朋友可以光脚在上面玩耍。最后木台子的高度设计成了20厘米，这样，不仅使木台子和地面之间有足够的空间，不至于地面的湿气对木头造成损害。这个高度也相对安全，活动的时候万一踩空也不足以有很大的危险。

　　木头台子是长方形的，深度是2.5米，3米宽，正好是从一边的楼梯到另一边的客厅的尽头墙壁处。院子的深度是4米，在台子外面半圈铺设了90厘米宽度的青石板小路，靠近篱笆处又留了60厘米左右的空间种花，所以只剩2.5米了。后来才发现，台子这样的大小还是不够，台子上摆了桌椅，边上摆上几盆花，剩下的活动区域就太小了。

杉本台子最里端（北面）一直连接着房子。

另外，对于最外圈篱笆旁留的种花区域，当初的设想是种上高高的藤本月季爬满篱笆，底下的小路边开满各样灿烂的草花。然而实际情况是这一处虽然最靠南，但是外面的公共绿地里种了好几棵大树，加上篱笆外的珊瑚绿篱生长迅速，越来越高大和茂密，反而使这里成了阳光最不好的地方，又阴又不通风。最后只有三叶草和金银花长得很好，藤本月季们则完全浪费了我一年的心血和感情。

　　发现问题后，立刻再买了杉木，请了工人，把木台子直接扩展到篱笆处，这个位置放盆栽铁线莲倒是非常好，不太阴又不太晒。东面也扩大了一些，把拆掉的鱼池位置遮住了，多余的木料又做了一排木凳，固定在木台子东面的区域，留一个口子，通到下面的花境区。木凳子不仅可以防止小孩玩的时候不小心掉到花境里，另外还可以摆花和休憩。

　　还做了一个葡萄架，在客厅出门的位置，春天夏天院子里会太晒，还是需要有个庇荫的空间。原来周围一圈的青石板也没有浪费，正好铺在葡萄架

　　加宽后的杉木台子，东侧继续留有花境区，外侧（南面）直延伸到篱笆下。

杉本台子西面的景象，那时草坪已经开始被"蚕食"。

下，青石板的尽头靠近篱笆的位置，则砌了一个抬高的花坛，部分解决了这里光照和通风的问题，后来种在这里的红枫、玉簪等也都长得很好。

调整后，活动空间更大了。院子有了明显的功能分区，最东面是狭长的花境区，中间是木台子和葡萄架下的青石板区，西面则还是原来的草坪区。这个结构分区一直没有变过，即使后来木台子被拆掉改成中岛区，草坪被蚕食种了花草，葡萄架下却一直是我们最喜欢呆的地方。

后来又利用多余的木料做了一个秋千，挂在葡萄架下，孩子们非常喜欢。绳子是我老爸从一个正施工的工地上捡来的，质量非常好，经过那么多年的日晒雨淋以及和木架子的不断摩擦，几乎没有什么损耗。

现在写来三言两语，不过当时在做这个改造的决定前，整夜地兴奋，想着怎么改造，怎么设计，哪里种什么，到底怎么改比较好。做好决定又立刻迫不及待地买材料找工人。葡萄架和台子做好后，又马不停蹄地开始移栽植物，重新布置院子，直到满意为止。

Tips: 杉木台子的护理

当时选择杉木做台子，是因为防腐木太贵了，而且市场上质量也是良莠不齐，不知道该如何选择。防腐木其实就是用特殊的药水浸泡而成，为了提高它的防腐防霉和防虫性。药水多少都带着毒性，对于现在的商家也真心不能够信任。另外，户外日晒雨淋的环境，防腐木还是会变形、开裂或腐烂，使用寿命根本没有宣传的那么长。

而杉木价格只有普通防腐木的三分之一，耐湿和防腐性也相对较好。记忆中小时候家里的大门就是杉木的，隔几年父亲还会把门拆下来，刷上桐油，立刻又像新的一样，好长时间都能闻到桐油的清香。

所以在买杉木的时候，还一起把桐油买上了。5升的桐油买回来一共只用了三次，过程的辛苦却一直记得。

第一次相对简单，把木板冲洗干净，干透后开始刷桐油，所以要选好几个都是晴天的日子。第二年又刷了一次，问题来了。刷过桐油后的木板很容易粘灰，时间一长，上面就脏兮兮的了。再次刷的时候要先把木板上的灰迹刷干净，板刷、钢丝球全部用上了，一点点地刷过去，这时候就觉得木台子怎么面积这么大，这个工作就做了好多天，每天等孩子上学后就趴在台子上刷啊刷，阿姨也来帮忙，一起累得腰酸背疼。

木台子扩展后，又刷了一次桐油，再一次很多天的辛苦，还有葡萄架，需要爬到上面去刷，更是高难度。再后来，就那么随它去了，也终于木台子越来越旧，最后全部拆除。

木台子加宽了1米多，多余的木料做了个围边，可以坐，可以摆花盆，还防止小朋友玩疯了掉到花丛里。

杉木台子的南面。

04

草坪_的变迁

| 实现草坪情结

其实每一个有院子的花友，多少都会有些草坪情结的。绿色的草坪，周围有高高低低的花草陪衬，加上石块、陶盆，多美的画面。我也一样，加上家里有孩子，还有一只狗——孩子和狗狗在草坪上嬉戏玩耍，这样的一幕场景，实在太完美、太幸福！

所以在把木台子和青石板地面铺好之后，便开始让心中的草坪情结得以实现。

第一步整地：地上杂草丛生，先全部拔掉。然后买了一把巨大高级的铁铲，深挖泥土20~30厘米，再用小铁锹将土块一块块敲碎，捡出里面的建筑垃圾。那真是什么都有，砖头、水泥块，钉子、塑料、木板……就这么4平方米的地儿，挖出了20多蛇皮袋的建筑垃圾，最后还得花钱请工人搬走。搞了一个多星期，地面终于整理好了。

紧接着去百安居买了好多袋草坪专用土和肥料，混合在原来的院土里。整平，然后撒草种。我买的种子是高羊茅，颜色特别好看，也特别皮实，生长也很迅速。播种后没几天，嫩绿的小草就一个个针尖样从土里钻了出来。那种兴奋，真是无以言表！后来才知道，还可以到花市去买现成的草坪，直接在地面上铺上就可以了，比播种要省事很多，见效也快，还非常便宜，每平方米草坪不过十几元。

而关于这个"高羊茅"，必须说的是：绿油油的，真好看！一开始特别出效果！

但是生长实在太迅速，5、6月份几乎每周都要修剪一次。自己没舍得为了十几个平方米的草坪花大几百元去买一个割草机，有时候正遇上工人在修剪小区的草坪，便厚着脸皮请他们过来帮一下忙，但也不是总能遇上啊。所以大多数还是用修草剪自己动手。经常剪了还不到一半，手上已经好几个水泡了。还不能懒惰，要是没及时修剪，过了十天半个月的，高羊茅就长到半小腿高，剪完才发现下面的根系已经闷得发黄，非常难看！当时恨不得在院子里养一只羊，可以省去割草的麻烦（当然对于小羊来说，这个高羊茅那该是多么的美味啊）。

另外，家里当时养的一只黑色的拉布拉多犬，总喜欢跑到院子的草坪上尿尿。狗尿太烧，尿过的草皮很快就死掉了，于是碧绿的草坪上突兀着一块块黄色的斑迹，很不美观。后来从花友那里得知，如果狗狗在草坪上尿尿，其实可以立刻用水冲，尿液淡了便不会对草坪这么大伤害。

小狗还经常从栅栏的缝隙跑到院子外面，叫也叫不回来。于是又跑到乡下，买了细竹子，编了一圈竹篱笆。本以为寿命会很短，没想到八九年之后，模样依然。记得当时是20元100根买回来的，真是价廉物美的好东西。

渐渐地，高羊茅草坪黄绿相间的问题越来越严重，手上也是旧泡刚好，新泡又长出来了。忍无可忍，于是在 2005 年的早春，彻底把高羊茅草坪铲掉，铺上了生长比较慢的马尼拉。这种草匍匐生长、个子不高，但是到了冬天会变得枯黄，但我实在不堪高羊茅的折磨，也就安慰自己，冬天变黄难道不是草本来应该的样子吗？

反正喜欢的时候，便是千般的好！嫌弃的时候，便是千般的不好，好的在眼中也变成了缺点。喜欢的时候是文静，不喜欢的时候便是木讷、不懂情趣；喜欢的时候是活泼可爱，不喜欢的时候便成了不够稳重、呱噪八卦。额，扯远了！

2 蚕食草坪

事实证明，对于拥有这么小院子的花痴来说，草坪实在是有些奢侈。那么多花草都不够地方种，怎么还有位置能种草呢？所以，这块以草坪为主的区域，随着花痴的逐渐疯狂，草坪也一寸寸地被蚕食。

来看看是怎么被蚕食的吧——

第一阶段：

靠近篱笆的一圈，是被蚕食的第一步。南面的角落里种上了连翘、香桃木等稍大一些的灌木，这个位置也比较阴，还种了杜鹃和四季海棠；西面则是一整排的白晶菊，花后又种上了黄色'玛格丽特'、鸢尾等。而梨树在草坪区安置后，草坪的面积进一步缩小。装修时留下的红砖也被斜插着变成了草坪和花境的隔断。

第二阶段：

可怜的马尼拉草坪就剩了中间的一小块。放了几块小的青石板，给孩子们在上面跳房子玩。还有是给小孩们留一个秋千的位置，不然荡秋千的时候不小心掉到花草上就糟了。

第三阶段：

没过多久，这么一小块草坪也终于被我全部挖掉了，整体变成了花境。原来的几块青石板，变成了花境里的一条小路。院子从此彻底没有了草坪。

后来，因为隔壁邻居用旧木板做了一个堆放杂物的小房子，紧贴着我篱笆的位置。这样一来，不仅背景难看，还影响这块花境的通风。很多花草都长不好。正好朋友家里的两个桂花树快被养死前，送给了我挽救，已经长得绿茵茵很茂盛了，便种在篱笆边，挡住了他们的破房子。花草也重新做了布置。

1. 草坪全部被挖掉，留下青石板

2. 种下各种应季花卉

3. 花境渐渐成型

4. 百花争妍的花境。

看着花境区如精灵般跳跃的耧斗菜，觉得草坪的牺牲太值了。

草坪的牺牲满足了花痴拥有其他花草的欲望：梨树结果了，二月蓝开了，杜鹃开了，白晶菊又开了，又种下的四季海棠、粉色'玛格丽特'、蓝目菊、花毛茛争奇斗艳，蔷薇'七姐妹'和藤本月季'大游行'也如愿以偿，开出了带拱形的花墙模样！尤其是那一丛丛梦幻的精灵般的耧斗菜跳跃在花园中的时候，怎一个"美"字了得。

终于，草坪彻底淡出了花园，而最早种在草坪的那些花草们也逐渐被淘汰。每年自播的白晶菊在很多次的翻地后越来越稀少；几棵越长越大的香桃木和黄色'玛格丽特'、月季被移栽到了后院的外面；连翘和'大游行'送给了小区里的邻居；'红王子'锦带只留了一棵，种在了东面的花境角落里。而这个位置也种植了更多的花草：醉鱼草和鸢尾陪伴着蔷薇'七姐妹'在院子的一角；桂花树下则种上了喜阴的玉簪和白芨；一年又一年，花境里轮番地开放着洋水仙、耧斗菜、角堇、波斯菊……

春去秋来，花开花落，虽然没有了草坪，生命的美丽却依然在院子里不断上演着，生活的艰辛也还在继续。

05

短命的鱼池

这就是曾经那个像泳池的鱼池。

　　刚开始折腾院子的时候，我真是一点品位都没有，还什么功课都不做，完全按自己的想法来。就这样做了木台子、青石板的小路，还有篱笆和草坪，看着也还行。

　　有一天突发奇想：院子里怎么着也应该有个鱼池吧，有水的院子，才有灵气呀！

　　于是脑子里开始了天马行空的胡思乱想：方形的池子，碧绿清澈的池水，蓝天白云倒映在水面上；红色、金色、黑色的锦鲤们游来游去，泛起

鱼池拆掉后，这个区域变成了花境区。

阵阵水波和涟漪；水池边布置悬挂下来花草，顶上还有个葡萄架在夏天给鱼儿们遮荫庇凉……哎呀，好美！

现在想来，蓝天碧水，长方形……这不就是个游泳池嘛！

换了现在，我会在院子靠近篱笆的某个角落，这样 DIY 一个鱼池：

自己挖土，挖出的土可以在一旁堆一个小坡，坡上可以错落有致地摆上别致的石头，还要放一个日式的石头小灯亭；坡上从高到低种上一些灌木、草花还有观赏草，还有蔓生的黄金络石，垂下来金黄色的瀑布一般。

水底铺上黑色专用的鱼池黑布，几十年都不会渗漏的那种。池底也设计出层次，这样对水深有不同需求的水生植物都可以连盆放上。而且，一定要装个好一些的水泵，保证池水不断循环，干净又可以养鱼。

最好旁边再有个高一些小池做过滤池，水质就更加干净了。两个水池高低不同，中间摆一些石头，还可以做出小瀑布的感觉。如果院子的地方

鱼池虽然拆掉了，但中间还是留着水泥的池底。

大，还可以把鱼池做更大些。旁边设计一个腾空的木台子，木台子的一部分延伸到水面上，另一端做一个六角形的木头凉亭，琳琅满目的花花草草摆着挂着。凉亭里有木头的椅子，松软的靠垫，茶几上泡一壶茶，懒懒地斜靠着看书，听着汩汩的水声，鱼儿在水里欢畅地游着……

只是有条件可以做那么一个鱼池的我，当时就这么想了一个游泳池样的鱼池，还很激动，说干就干。

"游泳池"是需要泥水匠的活，自己搞不定。正好隔壁人家正在装修，有个工程队。于是就厚着脸皮上门，师傅也答应了每天那边工程结束后过来帮忙，谈好了人工费，再计算了需要多少砖头、瓷砖、水泥。

第一时间，我冲到附近的建材商场买好材料，连夜请师傅们过来。开始开工，一盏明晃晃的大灯泡，照得院子雪亮的，先用水泥做地坪，然后砖头砌，再贴瓷砖。没几个晚上，一个小型的游泳池就诞生了。然后放水，放小鱼！

还用竹子在鱼池上方搭了一个简易的架子，虽然葡萄树不是一天两天就长出来的，但是丝瓜很快就爬满了。鱼池的边上也摆上了花草，还有倒挂金钟，美丽的小花吊在水面上方，倒映在水里，而鱼儿自由地游来游去。

一切都按我的意愿在完美地进行着。

然而——

当时只在池底设计了一个出水口（好吧，完全是游泳池风格），还一直漏水，后来干脆被我堵死。换水也就变成了完全人工操作。好处是舀出来的水可以用来浇花，坏处是实在太累（甚至还尝试用软管采取虹吸原理把水排出去）。另外，一不小心还会捞出一两条小鱼泼在院子里了，汗啊！

因为做的时候没有安装净水设备，即使经常换水，水池壁上还是不可避免地长出了绿色的青苔和藻类，看着特别脏兮兮的！偶尔也去彻底换水，清洗池壁，再放水放小鱼，一会儿几条小鱼就翻了肚皮。"哎，给鱼儿换的水需要放几天，自来水怎么可以直接养呢？"现在想到还经常会问当时白痴的自己。

即使没有这样的意外事故，鱼儿们也是命运多舛。院子里的野猫实在聪明又有耐心，大白天的就这么蹲在鱼池边上候着，随时出手。

而更严重的是，沐恩本来就是个多愁善感的善良的孩子，每次小鱼发生意外都会伤心流泪。

……

另外，另外，越来越发现这个鱼池实在太丑，太没品位，在院子里显得那么突兀，那么不协调，越看越受不了啦！

所以，忍了没几个月，就决定把鱼池拆掉。

拆起来很简单，找个工人，用个大锤子，三下五除二地就把鱼池敲掉了。这个短命的鱼池也终于不在院子里有碍观瞻了。只是池底的水泥地没那么好弄，就那么留在了那里，一直很突兀，直到现在。

06

玛家小院的果树情结

葡萄架上，金银花和葡萄抢占地盘。

　　随着草坪情结的满足，小时候的"果树情结"又开始爆发。

　　记得小时候，外婆家的院子里有一棵老葡萄树，非常肥壮，主干枝条比我胳膊还粗，整个夏天，碧绿的叶子遮掉了半个院子的天空。外公说是因为靠近厕所的关系，比较肥沃。想到臭烘烘的厕所，很是别扭。不过，等葡萄成熟的季节，看着枝条上一串串挂着的葡萄，还没发紫呢，树下的我就开始淌口水了。外公拗不过，只好摘了一粒给我，一咬破皮，天哪，那个酸呀，酸死了！才知道，心急也是吃不了葡萄的。现在想来那棵葡萄

爬满架子的葡萄，每年都会结出串的葡萄。

也不是很好的品种，颗粒很小，长到最后紫透了，吃起来还隐约有点酸味。但是对院子的回忆却从此定格在了碧绿的廊架和一串串紫莹莹的葡萄上了。

所以有了院子，第一时间在花市上买了一棵葡萄树，卖家说是很甜的'巨峰'品种，60元，已经蛮大一棵了。开始的时候种在了东面篱笆靠近鱼池的位置，临时用竹竿搭了架子，葡萄没爬上去，丝瓜却长满了。很快鱼池被淘汰，那块区域重新布置。在第二年改造木台子的时候，专门给它做了一个高大的廊架，葡萄树也移栽到了葡萄架的一角南面的位置。

葡萄树也没有辜负我对它的期望，没几年就爬满了整个的木架子。春天开始就为院子里带来碧绿的一片，而到了夏天，一串串的渐渐成熟变紫，甜美多汁，似乎比外面卖的'巨峰'葡萄更好吃一些。总是等不到成熟，孩子们便在树下眼巴巴地望着，找到有变紫色的几粒，立刻便喊着妈妈搬凳子摘下来给她们吃。院子里的小鸟们也不甘示弱，总能找到最好最甜的吃掉，留下一地的葡萄籽、葡萄皮和鸟屎，很是让人头疼。不得已想了很

这便是从奉贤买来的那棵梨树，为了它，花痴付出了多少的心血。

多对付小鸟的办法，沐恩用竹竿扎了稻草人插在院子里，完全没鸟理会；又在架子上绑了布带子，一阵风吹过飘来飘去的，也是没用；还去外面的葡萄园买过专门套葡萄的纸袋子，不知道是不是使用不当，很多葡萄闷在里面发霉了，只好全部拆掉，继续任由小鸟们挑最好的先吃。幸好，每年结的葡萄量有十来斤，就算被小鸟吃掉一部分，给孩子们解馋还是足够的。

院子里还种了一棵梨树，是特地到奉贤乡下果园里找的'蜜梨'树苗。还是和我的"果树情结"有关。小时候我家的院子里就有两棵梨树，是有了我和弟弟之后，父亲特地种上的，一棵归我，一棵是我弟的。那时候很少会到外面买水果吃，这两棵梨树便成了我和弟弟最大的盼望。每年夏天都会结很多梨，放井水里浸上一会儿，又甜又冰凉，至今想起，清甜的滋味似乎还在舌边围绕。

奉贤的蜜梨非常有名，个头不大，圆溜溜如苹果的形状，果皮深褐色的，每年产量很少，外面基本买不到，据说是内部上贡了。有一年碰巧买到，惊呼是吃过的最好吃的梨子。卖家说是"奉贤蜜梨"，特地上网搜资料，只在奉贤的果园有卖。便开车冲过去了，也不知道哪里有，漫无目的地瞎转，遇到人就问哪里有梨园苗圃，竟然被我找到了专门种蜜梨的村子。厚着脸皮上去，问了好几家都不肯卖。有一家看我如此诚心，正好他家三棵梨树种在一起有点密，便挖了中间的一棵给我，120元。已经很大一棵，后备箱只装下了半棵，另一半就呼呼地敞在外面，被我一路带了回来。

梨树自然是种在了草坪上，靠近角落的位置。第一年结了很多蜜梨，超好吃，第二年也结了几个，后来就只有花了……原来梨树是异花授粉，必须种雌雄两棵，才会结果。院子里已经没有了再种下一棵树的位置，而且也估计买不到蜜梨的树苗了，终于还是作罢。每年的春天看着白色的梨花盛开，心情也是好的。

这就是院子里那棵梨树上结的"奉贤蜜梨"。

07
杉木台子换成中岛区

杉木台子变换之前的样子。

作为一个有追求有梦想的超级花痴，两年了，花园没有什么变化，那肯定是受不了的。

木台子去掉后花园的样子。

　　所以在 2009 年的冬天，院子做了一个超大的改动：把从 2003 年起就在院子里勤恳工作的木头台子彻底掀掉了，做了一个中岛区，地表铺上了鹅卵石和白色石子。

　　之所以会痛下决心把木头台子去掉，主要还是因为杉木地板开始陈旧腐朽。最开始装修房子的时候花了很多钱，经济紧张，所以院子的开销则能省就省。防腐木太贵，就去九星市场买杉木，2 厘米厚的板子让师傅切割成两片，去掉损耗，厚度 1 厘米都不到。当初刚铺好，踩上去就有些软软的。为了方便院子的浇水，杉木台子靠近客厅的墙壁处做了一个拖把池，各种浇水、洗刷的工作也主要在那块区域进行。不多年后，拖把池附近的好几块木板常年潮湿，便一点点开始腐朽，到最后都被踩出了洞，小孩走在上面便容易发生危险。虽然外圈后来补的木板还是很坚挺，但是想来想去，还是决心把木台子拆掉，整体做个大改造。

　　考虑成熟后，第二天等孩子们一上学，立刻就开始行动了起来。我是个说干就干的人，要么不想，想到了就立刻要做。可是想着简单，实际上可真的是一项大工程，家里的各种工具全部派上了用场，大铁撬、铁榔头，甚至还有锯子……满头大汗搞了两个小时，才撬出了两小块……钟点工阿姨这时候来了，赶紧地把打扫的活做完，一起过来帮忙，可是两个人忙乎了两天，才撬掉一小块区域，撬掉的木板堆在院子外也需要处理，已经一点力气都没有了，这下有点灰心了。还是阿姨聪明，她联系了一个收旧货的车子，来了两个工人，人家毕竟是专业的，没几个小时，木板整块都被掀掉了，工人们利索地装车，全部被清理得一干二净。也没付工钱，因为最后的木板算是折价送了。留下了木板外圈的长条凳，后来摆在了靠墙的位置，当成了花架。

紧接着整地面。木板下是泥地，表面铺了厚厚一层瓜子片，当时为了防止木板下杂草丛生。所以清理起来很简单，瓜子片可以继续铺地使用，又到花市买了很多白石子铺在上面，稍大的鹅卵石做花境区的围边，自然分割中间的石子区，搬花盆、搬花架，把矮蒲苇和藤月'安吉拉'摆在了石子区的位置，做了一个中岛，周围摆上长颈鹿、铁线莲和一些草花……连着很多天，院子全部变了样，腰都几乎要累断了。家里的男丁在干什么呢？忘了，完全无视中。突然有一天，他到阳台上抽烟，突然看到一个完全陌生的院子，大为奇怪："木台子呢"？无语！

草坪区也顺带重新配置了一下。利用原来的青石板和大大小小的鹅卵石，做了一个棒棒糖形状，不仅好看，也方便打理周围的花草。后来中间的位置摆上了铁线莲、倒挂金钟和白色'玛格丽特'。而在花花草草的种植上，花痴有点懈怠，只是选自己喜欢的花草种上，耧斗菜、蓝目菊等，还有种了些宿根的千鸟花、地被福禄考等，都不需要太多打理的花草。

杉本台子换掉后，从西边往东看过去的样子。

杉本台子换掉后的景象。

最西面的草坪区也顺带布置成棒棒糖形的中岛区。

然后，就再也没有然后了……

2012 年，在院子的最后一个春天，心情很糟糕，而花花草草依然灿烂盛开如故，像是告别，也像是给我抚慰。金银花每年都开成球一样，飘着幽香，安然地在葡萄架的一角；原来台子区的中岛位置，藤本月季'安吉拉'前所未有地盛开着；所剩无几的小铁们，表现依然很好；各样的旱金莲、角堇、石竹、波斯菊……都如约盛开着。但看着它们，似乎每一朵花都带着淡淡的忧伤……小狗娜鲁，正趴在木头台阶上看着院子。你为什么也忧伤了呢？

08

不断折腾的花境区

最东边的花境区域之前也用来种过各种蔬菜。

院子的最东面是一块凹进去的区域，做好木台子后，那块区域也被分割成了南北向狭长的一条。本来那块位置朝东南，阳光最好，又挡风，是最适合种花的。所以在设计的时候，那里也是最重要的花境区。

前面部分用来种菜，搭了架子种上了黄瓜；中间部分因为有个窨井盖，便就势布置了一些正方形的青石板，穿插着碧绿的小草，成了一小块活动区。靠近篱笆部分则是种了很多黄色的玛格丽特，美女樱和丛生福禄考做围边，布置了一个小花境；而和邻居相邻的栅栏扎上了竹篱笆，种了好多

花境区的变迁。

棵藤本月季和蔷薇；后面部分则设想做个玫瑰园。因为几年前去过奥地利，被那里的玫瑰园深深吸引。院了里有一个专门的玫瑰园，春天可以拎着篮子剪下玫瑰回来插在花瓶里，也成了一直以来的梦想。玫瑰园和旁边的藤月篱笆墙之间铺了一条小路，两边种上了紫露草和过路黄。

院子的第一个春天，为了我的玫瑰园梦想，在依然还是冷风呼呼的早春三月倒春寒的日子，特地开车到普陀区的曹安花卉市场，找了一家专门卖月季的苗圃。店家是个上了年纪的大爷，看着特别和善可信，很有主意地帮我选了好多大月季苗，20～30元一棵。红色、粉色、白色、黄色都有，还认真地告诉我怎么根据叶子和杆子的颜色来区分月季的品种。幸福中，小心翼翼地带回家，满怀期待地种下。5月份月季们陆续开花了，竟然无一例外都是大红色，最普通的灌木月季那种，还没有香味，着实郁闷了很久。

没多久就发现这块区域有个最大的问题，上面正对房子的雨水檐。一下雨，这里就滴滴答答地没完没了，打得泥土四处飞溅，大雨的时候，还会积水。大红色的玫瑰自然是被我立刻淘汰，送了很多给刚搬家进来的邻居们；做围边的是一排蓝色的六倍利，也被打得惨不忍睹，没涝死的只好移到了别处。这个位置还尝试种过粉花酢浆草，是从老家叔叔家的院子里挖来的，长得太好，反而呈泛滥的架势，挖也挖不尽。几年后，那块位置铺上了红砖，用来专门摆放花盆铁锹等工具杂物的时候，砖缝里依然会爆出酢浆草小苗，顽强地开着小粉花。

几年来，最东边花境区变过多次模样。

花境区曾经种的盆栽铁线莲和月季。

　　玫瑰园梦想破灭后，这个区域也重新做了布置，离雨水檐稍远的位置种了一棵蜡梅，角落里则是一棵秋天开金黄色花朵的双荚决明。这里还种过牡丹、绣线菊、月季、玛格丽特、白晶菊、萱草等，最终在蜡梅和双荚决明长成小树之后，只剩了一些皮实且耐阴的毛地黄钓钟柳。

　　中间的青石板区没过多久，被难看的鱼池替代，很快鱼池被拆，又成了扩展后的木台子区的一部分。只有最东面靠近栅栏位置的一小块花境，藤本月季'法国香水'和'御用马车'爬上了篱笆，后来又补充了好几个品种的铁线莲，春天的时候，成了一面最绚丽的花墙。

　　花境的前半部分，光线最好，第一年的黄瓜种过后，这里便再没种菜，成了每年院子里最折腾的花境区。深秋的时候埋上郁金香和百合的种球，搭配上各色的角堇，春天郁金香花期时又补充些花市直接买来的虞美人。4月份郁金香花期一过，立刻又种上耧斗菜或鼠尾草，或者搭配些金雀或波

加宽了杉本台子后的东面花境区。

斯菊。伴随前面篱笆位置的铁线莲'幻紫'越来越大，开出更多的花来，这里也成了花园里最茂盛最美丽的角落。有一年冬天这里种了青菜，没来及吃完，春天竟然开出了一片金黄灿烂的菜花。

　　不过随着隔壁邻居家的那棵樱花树越来越大，这块区域角落的位置渐渐光照越来越少。幸好，角落的'红王子'锦带和红枫却很适应，一年年长大，成了美丽的背景。而前面的位置依然折腾着，每个季节都替换着不同的草花。在木台子掀掉成了石子区后，这里也更自然地和整个院子融为了一体。

2012 年的春天，蜡梅和双荚决明长着新叶，一旁的毛地黄钓钟柳盛开着淡雅的白紫色小花；前面部分的萱草大部分挖了出来分给了花友们；一旁的藤本月季'法国香水'和深蓝鼠尾草还开着花；锦带挂着满身的大红色花朵默默地当着背景；自播的旱金莲长得太疯，开满了橙色黄色的花朵；波斯菊和做围边的粉色雏菊相互呼应；间隙处是完全泛滥的酢浆草和铜钱草……这些陪伴我走过十多个春秋的花儿们依然怒放着、灿烂着，最美的一幕就这样永远定格在了记忆中。

2012 年离开之前的花境区。

自拥有玛家小院以来，花痴每年都会种很多喜爱的植物，

有一天初略一算，把花痴自己都吓一跳，

种过的植物竟然多达几百种呢！

从刚开始的懵懂，到逐渐的疯狂，再到成熟和淡定，

花痴也伴随玛家小院的花开花落、春华秋实成长着，

真切感受付出与收获的美好。

第二辑

那些曾让花痴疯狂的

植物们。

01

那一年，疯狂播种

其实大部分的花痴成长都会经历几个阶段。

第一阶段：懵懂期，好奇但什么都不懂（屡败屡战中进入下一个阶段）；

第二阶段：疯狂期，开始疯狂播种，疯狂搜集各个品种，什么都想尝试；

第三阶段：成熟期，会逐步有选择地淘汰一些品种，选择自己喜欢的几种。开始有了自己擅长的种类，还会追新求异，专门找不常见的品种。

第四阶段：淡定期，终于会很冷静地有选择地种一些花草。量少了，质上去了。（淡定期有的会逐步成为某方面的专家，有时候又会因为某个品种而

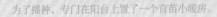
为了播种，专门在阳台上置了一个育苗小暖房。

重新开始疯狂期，比如本来淡定的我现在又迷上了多肉。疯狂永无止境！）

我想 2005 年的时候，我绝对属于懵懂期到疯狂期的过渡，对什么都好奇，什么都想尝试。2004 年秋天的时候，就已经开始了一些品种的播种，记得当时雏菊和香雪球的小苗摆了满满的一窗台。还买了一个专门的育苗小暖房，放在阳台上。到了春天，这些小苗们便都开始了它们美丽的绽放。天气暖和后定植在院子里的香雪球，很快就长得一大丛了，非常适合做小路的围边。还有十字花科小花的涩荠，非常喜欢。最早是花友老谢从国外网站上买来的种子，分享给我的，一年又一年种子自播，开出更多的花来。连播种的飞燕草，竟然也出了好几棵小苗，开出了美丽的花儿。

也许是因为对花草的热爱，那年的播种竟然都非常成功。于是 2005 年的春天又搞了很多种子，开始了更疯狂的春播。太阳花、朝颜、波斯菊、矮牛、醉蝶花，甚至还有麦秆菊、黑麦草、小丽花等。细算下来，竟然有好几十个品种。小苗的时候，一堆的小塑料盆，院子里更像是个苗圃了，难以下脚。小苗长大移栽后，变成了更多盆，还得专门到市场去买很多塑料花盆回来。最后不得不找花友到处分享，其实颇有些舍不得，可惜院子太小、实在种不下了。

播种疯狂，收获自然也丰盛，短短几个月，到了夏天的时候，院子又是另一番美丽了，木台子上是满满一大盆一大盆的太阳花、醉蝶花、小丽花……院子里向日葵和波斯菊相间，一旁还有麦秆菊、蜂室花、矢车菊……

4月份播种的朝颜，两个月后就陆续开了，各种美丽的色彩，不过日式的朝颜几乎不结种子。几个皮实的牵牛花却是种子自播，每年的夏天爬满篱笆。

矮牵牛从播种到开花也是2个月不到，不过看着花市上才1元一盆，觉得自己劳动价值太低了，以后雏菊、矮牵牛等在花市很便宜又很容易买到的花草一律不播种了。

甚至还种了百合，是那种超市买的真空包装的兰州百合，西芹炒百合就是用的这个，它的学名叫"卷丹"，春天的时候开了满满一大丛。

肯定有很多花友这时候会掩嘴而笑，每一个花痴的这一阶段，没有最疯狂，只有更疯狂。

Tips：播种须知

播种的成功率和之前做的功课非常相关。草花种子分春播和秋播两种，春播的像醉蝶花、凤仙花、矢车菊等，当年就能开花；角堇、紫罗兰、雏菊等秋天播种的则要到第二年的春天才会开花，要注意小苗的越冬防护。

种子又分喜光和厌光两种，喜光的直接播在土上，而厌光的种子则一定需要覆土；有些种子，像旱金莲，表皮比较厚，需要浸泡软或剥去外皮后再播种，提高出芽率。

土壤最好用专门的播种泥炭，颗粒比较细，更利于出芽。很多新手直接用小区里挖来的泥土播种，出芽率自然会很低。

播种后要保持一定的温度和湿度，温度较低时可以用小暖房或者在盆上覆盖塑料薄膜。

出苗后要注意及时疏苗、移栽及掐顶。

我曾经播种过的那些花草们

喜林草

喜林草有个好听的英文名字叫"baby blue eyes"，蓝色的品种特别像婴儿的眼睛。国内到现在花市上都没有见到。也是花友老谢从国外搞来的种子，蓝色和黑色两种，叶子像茼蒿菜，枝条非常脆弱多汁，很容易被折断，却也可以蔓生很长，从花盆里垂挂下来，带着别致的小花，很有味道。种子很细小，不容易采收，却每年能自播，最好冬天要把小苗稍作防护，不然会被冻死。

喜林草

风铃花

风铃花是意外的收获，当时播种了一大批，有些搞不清了，风铃花混在其中，出苗后很长一段时间都长得很慢，差点被家人当成蔬菜。于是很不被重视地移栽到了花园的角落里，没想到第二年的春天，竟然开出紫色、粉色的大铃铛花来，惊为天物！因为地栽的关系，苗也特别壮，一棵分出好几个分枝，全部是满满的花串，不得已用竹竿支撑着，才不致于倒下。分享的花友们也纷纷惊喜地汇报，很是开心。

风铃花

耧斗菜

第一次播种耧斗菜是在秋天，小苗有些弱，直到第三年的春天才开花，但被它的花儿震撼到了——为了它美丽的绽放，所有的等待都值得。虽然后来很少再播种，每年的花市上却总是要寻寻觅觅各个花色的耧斗菜，也有重瓣的，更喜欢还是单瓣的品种，粉色、蓝色、紫色、白色，一个都不能落下。耧斗菜其实是多年生的，但是闷热的上海夏天却不容易度过，最好种在半阴且通风良好的位置。

醉蝶花

醉蝶花属于春播品种，开在炎热的6、7月份，属于初夏庭院里少有的美丽。一共才几粒种子，出了三棵苗，竟然粉、紫、白三色齐全。花形非常优美别致，花瓣团圆如扇，花蕊突出如爪，形似蝴蝶飞舞。它长长的雄蕊伸出花冠之外，龙须一般，颇为有趣。夏天的早晨，喜欢坐在院子里看醉蝶花慢慢开放，龙须样的长爪弯曲着从花朵里弹出，像电影里的慢镜头一样，不是蝴蝶，也看醉了。

波斯菊

波斯菊，也被叫做格桑花，我特别喜欢，种子黑色的，有0.5厘米到1厘米长，一年可以播种两次，春播夏花，夏播秋花。每年的4月和9月，直接撒在院子里就好，两个月后就可以开花了。花朵飘逸浪漫，花色也丰富，一直是我院子里每年的必种品种。日照不足可能会徒长，杆子太高容易倒伏，不过这个可以在生长期通过掐枝来控制，随手插地上又是一棵，太高可以施些矮壮素。波斯菊是直根性的草花，最好不要移栽，以免损伤根系。

02

花痴大跃进

2006 年，院子的大改造结束了，所有的精力都在种花上；对花草的品种更加了解，也贪心地种上了更多的品种。所以那年的院子是茂盛的、丰富的、欣欣向荣的……

突然想起一个词"大跃进"，倒是能很贴切形象地形容那个 2006 年的疯狂期化痴。

花痴从早春开始就没有闲着，从花市淘来漂亮的蓝色'玛格丽特'，摆在光线充足的阳台上；水仙已经养得很有经验了，对于水仙花高度和开花期的控制非常有一手；从意大利带回来的洋水仙'ACCENT'开出了迷人的花朵，那个时候国内洋水仙品种非常少见；小苍兰和铃兰的球根也跑了好几个花市终于被我找到，开花的时候可是被它的香味沉醉了好一阵；郁金香的球球是从龙阳路花市买来的，根据店家的介绍，各样颜色买了好几个球，没想到最后开出的也全是大红色，但配上金黄色的金盏菊，颜色艳丽，搭配绿色的草坪，煞是好看。上房园艺、新桥花市等我更是成了常客，还买了红王子锦带、醉鱼草、矮蒲苇、杜鹃等多年生灌木、藤本月季、牡丹、鼠尾草……品种越来越多，院子里的层次也就更为丰富了。

花园的另一边也早早地买了紫罗兰和角堇做围边。这年的春天迷上了各样的角堇，开始疯狂地收集品种。角堇和三色堇的差别是：角堇花小，花量大，花型整，还比三色堇更耐寒。

　　而去年和前年的疯狂播种，开出了卓越的成效：播种的金鱼草，一棵小苗就开了半人高的一大簇花；播种的耧斗菜则开出了黄色和浅粉色的花，至今这两个颜色在上海的花市上都没有见到，每棵都开出一大丛，好几十朵花，后来在花市上买现苗回来，再也没有这样盛开的规模；播种的风铃花等了两年，终于开花了，太美！为了这一刻，两年的等待完全值得；而最早从上房买回的几棵紫露草、毛地黄钓钟柳等已经有点泛滥的迹象了。

还有牡丹、五色海棠、金雀、报春、天竺葵、粉色黄色的玛格丽特……花痴的疯狂已经完全无法控制。到了春天，各种的花儿开得太多，已经不像当初那样会为了碰断铁线莲带着花苞的枝条或为了沐恩摘下黄玛的花骨朵而心疼不已，甚至在下雨前，还会带着沐恩去花园里剪下很多花儿回家插在花瓶里，月季花瓣还可以肆无忌惮地大捧大捧抛撒，像是婚礼上那样，在孩子的咯咯笑声中感受着花儿们带来的幸福。

是的，这个花园、这些花草给我们带来那么多幸福时光。这一年，蔡丸子还专程从北京过来拍摄和采访我的院子，发在了她的新书上；2005 年电视台来拍摄的花园短片也在旅游卫视频道上播出，是国内第一个花园节目的第一期；还有一些杂志来约稿，花园和花园里的花草们也荣幸地变成了文字图片的印刷品。

其实，花痴的快乐更多的还是种花的乐趣，看着种子在黑色的泥土中渐渐冒出新芽；看着小苗渐渐长大、花儿们次第绽放；看着月季、蔷薇、铁线莲慢慢爬上了篱笆围墙；金银花、金雀花开时满院子的馨香…… 在种花之前，从来没想过，院子可以是这样华丽的大自然舞台，植物可以带给我们如此多的美丽和快乐。

醉鱼草

醉鱼草

醉鱼草的穗状花序大而秀长，蓝色或紫色的花朵非常好看。特别皮实，对土壤要求不严，买回来后就种在花园蔷薇'七姐妹'下的角落里，5月时开花，一直能开到8、9月份，花期特别长。其实有些长得太快，没及时修剪的话很容易株型散乱。我却喜欢，很是自然的感觉。耐严寒，也耐酷暑，高温40℃的上海依然能花开不断。叶子或花揉碎了，丢在水里，鱼儿就醉了，也是它叫醉鱼草的来历，一直没试过。

'红王子'锦带

'红王子'锦带

这个本来是给老爸买的，枝条上一串串大红色的花朵，鞭炮一样，很是喜庆。院子里留了一棵，挪了好几次地方，却每年都盛开，越来越喜欢。喜光也耐阴，几乎不用管理，花后修剪立刻有新枝条长出来，继续开花，花期能持续到10月中下旬，在院子的花境里搭配鼠尾草、绣线菊，红色立刻就跳了出来。

角堇

角堇

相比三色堇，它的花小，却开花更多更加密集，也更耐寒和耐热。冬天的时候零下几度，三色堇一棵只开几朵，稀稀拉拉的，角堇则还是一大丛；到了5、6月份，天气热了的时候，三色堇早就因为花少表现不好被拔掉了，角堇却依然不断地开花。而且角堇的种子落到地上，还能自播。每年院子曾经种过角堇的地方就开始有小苗自己长出来。所以每年都会收集很多品种，还专门播种了特有的花色。

鼠尾草

蓝花鼠尾草花市上很常见，基本是 2～3 元一盆，买几盆种院子里，效果立刻就出来了。有浅蓝和深蓝两种颜色，色彩非常美丽，常常被误当作"薰衣草"。种在向阳的地方，花开不断。院子里冬天基本不会冻死，不过温度太低的时候，土表的叶子杆子还是冻得不成样子。所以虽然是多年生的，我还是当一年草花的养。反正花市便宜。

鼠尾草

毛地黄钓钟柳

刚从上房买回来的时候根本不知道这是什么，觉得淡紫色非常雅致的小花，直立的花序蛮好看的，随手种在了角落的篱笆旁，作为花境布置的背景。 没想到却是不经意得到了宝贝，当初几元买回来的，竟然是宿根草本，花期从春到秋，花谢后老枝条还没完全枯干，底下新植株已经长出。 一年年越来越大的一丛，半米多高的淡雅花序总是在角落里含蓄着、优雅着，每次花友过来都羡慕不已，随便挖，分掉很多后，很快又茂盛了起来。

毛地黄钓钟柳

链接

花痴这些年种的花太多，真可谓是"悦花无数"。我将它们收录在"花园植物"系列图书里，将陆续出版，欢迎花友们切磋指点。

03 | 一方蔬菜半亩园

　　刚有院子那会儿，便规划了一片空地准备种菜。还学着父亲的样子，把周围挖低，中间整出一块长方形的畦来，像模像样的。

　　然后从老家带了黄瓜、丝瓜和青椒的小苗种下。丝瓜搭了个高高的架子，黄瓜则是用竹竿在两边斜插，中间扎在一起。虽然从小没种过菜，看得多了，也有点自来熟。很快碧绿的黄瓜藤顺着竹竿往上爬，开出了鲜黄色的花朵，还带着一条条满身是刺的黄瓜仔，心情那个激动啊！身处闹市，却能享受这"榆柳荫后檐，桃李罗堂前"、"采菊东篱下，悠然见南山"的田园生活，真的觉得很幸福。

第一茬黄瓜，看着欢喜，舍不得吃，终于长得越来越老，只能摘下拍了个照片留作纪念。还特地上网显摆了下，收获了网友们的无数口水。

至于丝瓜，长得更好，最后还有几条丝瓜懒得去摘，便留了做丝瓜精，用来洗碗。最长的一条几乎达到一米，很有成就感。自己种的丝瓜味道也比菜场的好很多，两根就能炒一碗，菜场买的丝瓜里面感觉空空的，一炒就缩掉了，可能是催肥速生的关系。生丝瓜其实有点苦苦的怪味，不过蚂蚁好像很喜欢，藤上密密麻麻地爬满了，有点吃不消。再说占地太大，之后便断了种丝瓜的念想。

在夏天还陆陆续续种过青菜、杭白菜等，播种后两三天，嫩绿的小苗就冒了出来，生长也特别迅速，半个多月就可以吃到小鸡毛菜了。生长太快也有问题，一两周之内必须吃掉，不然就变老了。吃不完，于是便想方设法地左邻右舍去送。不过夏天种菜

西红柿等吃果实的蔬菜因为生长季长，地栽长得更好。

虫害也会比较多，当时的院子出现了很多蜗牛，一棵青菜上能躲着好几只。有一次洗菜，密密麻麻一盆底蜗牛，着实恶心着我了。后来在春天、夏天的院子里，除了偶尔会种两棵西红柿和青椒之外，便没再设置专属的菜地了。

但在每年的秋末冬初，草花们都基本谢幕之后，院子也变得荒芜起来，大片的空地便会重新整理出来种菜，继续圆着我的菜地梦想。这个季节少有青虫、蜗牛，而且绿油油的菜也是院子里的一道风景呢。可以种的菜也有很多，大蒜、青菜、菠菜、香菜、荠菜，还种过萝卜和茼蒿菜。冬天蔬菜的生长速度相对慢，可以慢慢吃上两三个月。

大蒜是每年必种的。种法也很简单，翻好地，蒜头掰开插到土里，几天就能串很高了，剪了叶子还会继续长。特别喜欢冬天烧排骨汤或者下面条的时候掐上几片叶子，剁碎成蒜花，汤上一撒，香味立刻就出来了。需要时随时到院子去摘，味道可比菜场买的好多了。或者等冬天的时候，大蒜长更大了，整根拔起，大蒜炒咸肉、大蒜炒干丝，我很喜欢的美味。如果还没吃完的话，春天还可以吃蒜薹……但从没有尝试过新蒜头，因为天气一暖和，需要腾出地方来种春天的草花了。另外，我还会在铁线莲的盆里种上几瓣大蒜，可以防虫哦。

还种过小葱，菜场买菜的时候，总会送一把小葱，多数用不完，放冰箱几天也就烂了，所以常常会把多余的小葱种下，很快就满满一盆了。更厉害的是把葱叶子用来烧菜，剪下小葱的根种下，也一样能长得很好。哈哈，真佩服我自己，太会过日子了！

种大蒜，超级简单，翻好地，蒜头掰开插到土里，几天就长这么大了。（还可以整个蒜头种上，据说长得更好，明年准备试试看。）

市场买来的小葱，剪掉叶子后，用剩下的根种后长成的小葱。

很多秋播的蔬菜在10月份都可以开始了，这个时候温度合适，种子发芽率特别高；另一个好处是天气渐渐凉了，各种害虫少了，不需要打药，纯天然绿色！

杭白菜，生长特别快，暖和的时候播种一个月不到就可以吃了。还有菠菜和香菜，我喜欢混合播种。家里吃火锅的时候，拔上一些菠菜和香菜，味道超好！还曾经种过荠菜，密密麻麻长出来好多，用来做小馄饨给孩子们吃。

杭白菜，生长特别快，暖和的时候播种一个月不到就可以吃了。

　　每年秋天必种的是青菜，地里撒上种子，几天就出来小苗了，再几天便能吃上"鸡毛菜"了，顺便当做疏苗。孩子们最爱的就是肉丸鸡毛菜汤了。用家里外婆自己做的肉丸，烧上汤，最后鸡毛菜一烫，味道超鲜美！

　　长大一些后就是青菜了，不能再称为"鸡毛菜"了，这个时候用来炒了吃。吃不完的，会拔出来重新移栽，过年的时候就能吃上大青菜了。

有一年，爷爷奶奶在上海过年，菜场回来都很兴奋地样子，说是菜场的青菜要15元一斤。我们不用买，吃自家院子的青菜，觉得超划算。而且，自己家的青菜比菜场用化肥催出来的青菜更香味，也难怪孩子们爱吃。所以每年都会种很多青菜，来不及吃，天气一暖和，很快发现菜薹长出来了。菜苔也好吃的，我喜欢加点新鲜的香菇一起炒。到最后，菜薹也来不及吃了，干脆留着，菜花的季节，开出了一片黄灿灿的惊喜！

只是生菜一直没种过，孩子们不爱吃。我说："生菜最好了，没有虫吃它，所以一般都不会有农药。"孩子们说："虫子都不喜欢吃，为什么要我们喜欢吃啊！"语塞！不过现在有一种紫叶的生菜，非常漂亮，种上一棵，一大朵花一样，就算不吃，摆着也好！

"鸡毛菜"长大，就是青菜了，吃不完，变成油菜花也很好看。

04

两棵蜡梅树

蜡梅摘下花朵放在居室里，满屋子都是清香。

    江南的园林里，蜡梅一定是不能少的。即便只是最小的庭院，也总有几枝蜡梅斜出，寒风料峭中点点金黄灿烂，未走到花下，已闻幽香阵阵。

    有了院子后，蜡梅自然是必须要种的。父亲特地从老家帮我寻了两棵，买来时已带着花苞，从常州一路开到上海，满车怡人的馨香，还未种下，便已经喜欢上了。

一棵是'素馨蜡梅'花瓣圆圆的，蕊亦是金黄，香味比较浓郁，特地种在了院子的东面，靠近儿童房的窗下，孩子们打开窗户，就能闻到花香。这个位置也比较适合蜡梅的生长。蜡梅耐寒，却怕风，这里正好是面南朝东的角落，挡风且阳光特别好，所以蜡梅一年年长大，每年都开很多的花，可以奢侈地摘下，放在房间，香味能持续好几天。蜡质的花瓣也不容易干枯，金黄的一盘，赏心悦目的感觉。

另一棵是'金钟蜡梅'花瓣尖尖的，香味比较淡。初来以为是狗牙蜡梅，其实狗牙蜡梅虽然花瓣一样是尖尖的，花蕊却是紫色的，和我家这个纯黄色的不同。因为误以为是狗牙蜡梅，又因为它的名字，便不甚待见，种在了北面厨房外，属于小区的公共位置。不想，那棵蜡梅却长势迅速，刚来的时候才半米多高，两年的时间就接近2米了，每年还要修剪。一到冬天，枝条上开满淡雅黄色的花朵，餐厅一抬头的窗外，便都是它的靓影。其实即便狗牙蜡梅也罢，花自开自落，兀自送寒迎暖，春华秋实，又有何高低贵贱之分。反倒是人心叵测，根据自己的喜好随便定义，蜡

'素馨蜡梅'

梅亦无辜地被分了几等。

话说，古诗里也不少咏蜡梅的，多数都是赞其馨香味，黄金色。应该也不是赞的狗牙蜡梅吧。

比如宋代杨泽民在《蝶恋花·蜡尽江南梅发后》里写"蜡尽江南梅发后。万点黄金，娇眼初窥牖。"后面话语一转，写得比较有意思："曾见渭城人劝酒，嫩条轻拂传杯手。料峭东风寒欲透，暗点轻烟，便觉添疏秀。莫道故人今白首，人虽有故心无旧。"

还说素馨蜡梅，宋代的王庭珪在《西江月》里写："一拂退黄衫子，几团嗅蕊蜂儿。西风吹下月中枝，种在寒岩影里。人道蜡梅相似，又传菊满东篱。饶伊颜色入时宜，安得香传九里。"

只有宋代杨无咎的诗句"梅晕渐开红蜡垒，菊篱尚耀黄金蕊"，蜡梅花晕渐开红色蜡质层叠，也许说的是狗牙蜡梅吧。

资料链接

蜡梅（*Chimonanthus praecox*），原产于中国，英文名：Winter Sweet，冬天的甜美，很是贴切。

蜡梅性喜阳光，也能耐阴。比较耐寒，在不低于−15℃时能安全越冬，花期遇−10℃低温，花朵受冻害。非常耐旱，怕积水，不宜在低洼地栽培。花期怕风，适合墙边种植。喜欢土层深厚、肥沃、疏松、排水良好的微酸性沙质壤土。

　　每年在11月中下旬便开始花期，持续2个多月，来年早春花谢后才开始长叶。蜡梅树生长也很旺盛，分枝很多，根茎部容易生萌蘖，需要每年剪除。另外，蜡梅一般花开在10～20厘米长的枝条上，修剪的时候还是需要注意。最好是在秋天落叶后，花苞刚冒出来时，把稍长的枝条花苞后留一对叶芽，剪去多余的部分，更利于花开及整形。

蜡梅的品种

　　常见的有素馨蜡梅、金钟蜡梅、磬口蜡梅及狗牙蜡梅。蜡梅是中国园林里的古老品种，查了资料，光素馨蜡梅还分几十个品种，有点发晕。

　　'素馨蜡梅'：纯金黄色，香味最浓；

　　'金钟'：也是纯黄色，花瓣尖一些，香味淡；花型朝下，也是叫金钟的来历；

　　'磬口梅'：花瓣较圆，有淡淡的紫心；

　　'狗牙蜡梅'：花瓣尖，内轮花瓣有紫条纹，香味淡，其实很好看。

05

恋上铁线莲

铁线莲已经种了很多年头了，品种最多的时候有近百个，早两年前就很冷静地进行了一些删减，最后只剩下十几个品种了。从最开始宝贝似得稀罕、疯狂收集品种，到现在的喜欢却淡然，对小铁的感情，感觉更像是一场恋爱，开始的一见钟情、逐渐的痴迷、疯狂的热恋、到最后亲人般的温暖。（额，看来，我和小铁已经结婚好几个年头呢！）

这些年和铁线莲的故事，还是要从最早的'粉香槟'开始说起。

2003年搬进了带院子的新家，屋子里都还乱乱的呢，就开始捣鼓

花园，开着个小车到各个花市转悠，还专门上网研究，意外地发现了美丽的铁线莲。当时国内市场到处都没有卖，便依着网站上的指引找到了位于浦江镇的上房园艺。当时"上房"有个刘老师，热心于从国外搞很多植物品种回来。看到我们对这个几乎无人知晓也鲜有人问津的铁线莲这么有兴趣，心情一激动，送了我们一棵'粉香槟'的母株。

如获至宝的我们小心翼翼地带回了这头"母猪"（"母株"与"母猪"同音，一直就亲昵地叫它"小母猪"），仔细研读《花经》，认真地照着书上的种植方法，先在地上挖了一个50厘米的深坑，填上部分石头，防止铁线莲的肉质根系积水腐烂；铁线莲还喜欢疏松肥沃的土壤，于是填上混着很多泥炭和腐殖质的园土。小宝贝"母猪"就这么安家了。

第二年，从做外贸出口的朋友那里淘来不少做样品的炭化木园艺花盆，于是小"母猪"待遇进一步升级，与后来买入的'经典'、'总统'一起住进了新家。

当时对于铁线莲的修剪还是一窍不通，因为移栽搬家的关系，"母猪"的很多枝条被修剪掉了，其实'粉香槟'是在老枝上开花的早花大铁，老枝条修剪掉了，自然开花就少了。于是第二年的春天，"母猪"开得稀稀拉拉的，不过搭配上木制的架子攀援还是很好看呢。

第三年吸取了教训，修剪时只是去除了一些顶端的细枝。也就是平时所说的一类修剪（一般在早春进行，适合于老枝开花的铁线莲，在最饱满的芽苞以上修剪掉顶端的细弱枝），另外，炭化木的木箱非常透气，特别

利于铁线莲根系的呼吸，冬天又施了很多的肥料，包括特地去买的骨粉，'粉香槟''小母猪'吃得饱饱的，终于在来我们家的第三年爆发了，几乎爬满了整个木架子，上百朵粉色艳丽的花儿，每一朵都有15～18厘米左右的直径，真是太美了。

"小母猪"开始爆发，在来我家的第三年，爬满了整个架子。

Tips：木箱种植铁线莲要防腐烂和病菌

　　因为木箱的透气性，特别利于铁线莲根系的发展，几棵种在木箱里的小铁也都开花特别好，比如'里昂'和'幻紫'。不过在两三年后，很快发现，因为铁线莲根系太发达了，木箱已经不够它的发展。

　　更要命的是：因为木箱的材质是炭化木，都是用质地比较轻的杂木做的，非常不耐用，户外日晒雨淋的，很快就有些松垮腐烂，不得已只好换盆。这时候才发现铁线莲健壮的根系已经把木箱"吃"得只剩最外面一张皮了。腐烂的木箱还会带来霉菌，再进一步产生白绢病。铁线莲的枯萎病很常见却不是致命的，修剪掉病灶，用多菌灵防范，一般不会整株死掉。但是，这个白绢病等你发现的时候，根系都被腐蚀成了烂稻草样，再也没救了。

'粉香槟'

'总统'

卡斯帕

'里昂'

种过的铁线莲品种

'粉香槟'最早开花的这个也是最有年头的当然就是'粉香槟'了，一进入4月，'粉香槟'艳丽的花朵便点亮了整个院子。

'总统'。也是老朋友了，这个品种花型花色都特别稳定，花量也不小，又皮实，非常值得推荐。

'卡斯帕'。也是我最喜欢的品种之一，开24厘米直径的大花，颜色变化很多，丝绒般的光泽。去年正在开花的时候突然枯萎，当时心痛之极，还特地写了一篇博文《纪念卡斯帕》，没想到，枯萎后秋天又从根系处发了新枝条，今年春天又开了好几朵大花，太开心了。

'里昂'。也是最早拥有的品种之一，花园里颜色特别亮丽。

'幻紫'。一直是我最爱的品种，妖艳的颜色和纯洁的气质完美结合，在我家表现一直很好，从来没有被淘汰。

'幻紫'

'蓝仙女'

'乌托邦'

'小四'。第一棵拥有的意大利系的铁线莲，花型特别，花量非常大。

'乌托邦'。单瓣小铁里最美貌的莫过于这个'乌托邦'了。

'吉利安刀片'。也被称为最美的白色铁，洁白优雅，不能更美。

'蓝仙女'。用透气的紫砂盆种下，枝条比较柔软，开花也低矮，很容易盆栽造型。

'薇安'重瓣小铁里非常喜欢这个'薇安'，表现非常好，重瓣单瓣都开得非常好看。

'小四'

'吉利安刀片'

'薇安'

链接

种过的铁线莲品种实在太多，在这本书里不能一一列举。我将它们都收纳在《花园植物——铁线莲200种彩色图鉴》里面，欢迎喜欢小铁的花友，一起切磋讨论。

06

院子里的球根季节

　　突然发现，从早春陆续开花到现在的球根们不知不觉已经结束了它们的花季。不管是春天最艳丽的郁金香、花毛茛，还是一次种下每年都能复开出美丽小花的花韭、葡萄风信子、酢浆草，都一个个告别了春天的舞台，叶子逐渐枯黄中，不免有些失落。

　　这些年的院子，除了铁线莲、月季和各种的草花，球根也一直是花园里的主角，每年的秋天，早的话 9 月底 10 月初，晚些到 11 月中下旬，便会买上各样的球根种下，翻土、施肥、浇水，在萧瑟的冬日里充满着对来年春天的盼望。而那些可爱的球球们也从来没有让我失望，一年又一年如约地绽放，拉开春日花园最华丽的序幕。

　　还是在 3 月的早春，大部分的植物都还在发新芽呢。这个时候，各色的酢浆草、郁金香、洋水仙和花毛茛就次第地开出美丽的花儿，当仁不让地撑起了整个院子的美丽。这几年尤其喜欢番红花和洋水仙，淘宝上还是有很多可靠的卖家，秋天都能有各种进口的球根可以买到。

　　到了 4 月份，开花的球根们便更多了。葡萄风信子，蓝紫色的一串串小葡萄热烈又雅致；还有小苍兰，喜欢它甜美的香味和别致的花型；兰韭的小花像

风信子的花开到爆，都压弯了头。

韭兰很常见，但我也很喜欢。

一个个舞蹈的小女孩；球根鸢尾和德国鸢尾则每一朵都华丽丽的，美不胜收。

再晚一些，朱顶红、葱兰韭兰、百合又开花了，即便在花团锦簇的 5 月，也让人无法忽略它们的美丽。

到了又闷又热的 6 月，多数球球都已经枯败起球，院子里又迎来了萱草、百子莲、紫娇花等的花季，让人目不暇接。

整理一些球根图片，算是告别今年球根的花季，谢谢它们给院子带来整个春天的美丽。

院子里曾经种过的球球们

洋水仙

第一个拥有的洋水仙是在意大利带回来的球球，包装上写着品种'ACCENT'，也就是很多年后国内市场上才出现的'口音'。单瓣大花，花瓣白色，中心筒状的副花瓣则是奇妙的杏红色，着实美丽。种在花盆里，不起球，每年都会复花，依然每次 3～5 朵。院子里后来又种过'嘹亮'、'荷兰船长'、'塔希提'等更多品种，却从来没有撼动过'ACCENT'在我心目的地位。

洋水仙

欧洲银莲花

有一年跟着花友老谢一起团购了好多种球，只是没在意那个像中药块根一样干瘪的奇形怪状的东西就是欧洲银莲花，直到第二天春天它开花了，超级正的大红色，中心是浓烈的深紫色花蕊，还有一颗几近黑色的"心"，犹如一个穿着纯色时尚晚礼服，涂着烈焰红唇的美妇。从此被迷住，彻底喜欢上了这种华丽妖艳的球根植物。欧洲银莲花还有粉色、蓝色、白色等重瓣、单瓣更多品种，不过最得我心的还是这种单瓣黑心的大红色。

欧洲银莲花

葡萄风信子

相比花型硕大、花香浓郁的风信子，我更喜欢迷你小巧的葡萄风信子。有一年花友晴空从杭州给我寄铁线莲，顺带给我寄了几粒葡萄风信子的种球，用一个小木盆种下，第二年春天蓝紫色铃铛样的小花，一下子把我迷住了。花后继续施肥和充足光照，直到初夏起球。如果把球留在花盆里，则需要连盆放到遮阴避雨的地方，防止球根淋湿腐烂，直到秋天重新浇水施肥。几年后，那几粒葡风的小球也发展成了上百棵，种了满满的好几盆。

葡萄风信子

德国鸢尾　　酢浆草

德国鸢尾

最早的一棵德国鸢尾'印第安酋长'是从上房园艺淘来的，种在了蔷薇角落的石头旁，不管不顾中一年年长出更多的植株来，也分享给了更多的花友。花型非常美丽，搭配暗旧的红褐色，很是有些炫酷的感觉。从此便喜欢上了德国鸢尾，想方设法地搞更多的品种。德国鸢尾属于多年生草本，有非常粗壮肥厚的地下根状茎。冬天地表的叶子会枯萎，第二年再从根系处长出新叶来。不要种在低洼的地方，基本可以不用管理。

酢浆草

酢浆草也是最爱的球根之一，叶子小而可爱，每年花期很长，也几乎不用护理，只需小花盆种植，可以占极少的地方，特别适合阳台族。'棕榈酢'、'双色'、'OB'等都是我极其喜欢的品种。不过院子里曾经却被红花酢、黄麻子等几个品种搞得颇为头疼。因为球根繁殖速度快，冬天又不怕冷，如果露地在院子种植，很容易便泛滥了。

Tips：种植球根经常遇到的一些问题

其实大部分的球根都很容易养，因为鳞茎储存了大部分的营养，所以地栽、盆栽或水培，都只要浇浇水，就可以开出很漂亮的花来。很适合新手。

几个注意事项：

水仙养成大蒜。 水仙喜欢冷凉和阳光充足，温度不能太高，不然只长叶子，而叶子也会吸收球茎的营养，影响开花。建议温度不低于零度时，尽量室外多晒太阳，或者每天晚上控水。尽量不要放在有空调的室内窗台边，不然很快就长得大蒜一样碧绿茂盛，甚至不会开花。

风信子夹箭的问题。 就是风信子的花杆没有长高，花还窝在叶子里的状态下就开了，这样花开得少，还很难看。

防止夹箭的窍门： 在风信子刚种下的时候，浇透水后放在户外庇荫处，不要阳光直射，先让球球把根系长好，大概两周后再拿出来晒太阳就可以了。

葡萄风信子叶子太长。 葡风秋天就发芽长叶，控制不好容易叶子太长，披头散发的，影响美观；另一方面，叶子吸收太多营养，会影响后面的开花。

窍门是： 在种下或复球的盆栽浇透水，让球根开始长根系，之后控制浇水，并有足够的阳光。这样绿绿短短叶子，顶上一串串小葡萄就非常好看啦!

球茎腐烂发霉。 有时候球茎没保存好，或者种得太晚，盆土太湿，都会遇到这样的问题，可以把发霉部分剥去，或者用刀刮掉，然后用多菌灵浸泡晾干，球根还是会长根发芽。除非，球茎大部分都已经腐烂发霉，那是没有用了。

07 | 变成多肉控

最开始接触种花的时候，其实是并不太喜欢多肉植物的。想到多肉，更多的是联系到屋顶的瓦松、破房子门口搪瓷盆里种着的石莲花，或者是长得乱哄哄还带刺的仙人掌、仙人球。乃至看到很多花友推崇备至的生石花，不禁哑然失笑：这种特殊的多肉植物，彻底没有叶子，圆溜溜屁股的模样，有花纹的更像是剥开的大脑，虽然在中间缝里有时会绽放一朵鲜艳娇嫩的小黄花，可到了夏天休眠的时候，又皱缩成一块干巴巴的丑东西，着实有些奇葩，有些搞笑！

那么，是什么时候开始喜欢多肉植物的呢？

或是在花友竹韵家露台上看到那盆巨大的'抵源之舞'的时候——在阳光下艳红的、放肆地舒展的、如同奔放热舞时西班牙女郎飘逸的裙摆；或者是在花友"冰冰的 garden"家看到各种多肉的组合盆栽，像极了一个个迷你的小小花园世界，充满了奇幻的光芒；也或者在花友馨妈家看到各种小巧玲珑的紫弦月、雀扇、花月夜……总之，就那么不由自主地渐渐地迷上了多肉植物。

冬天的阳台，差不多都是肉肉的地盘。

感情真是很奇怪的东西，原来怎么不入眼的东西，一旦爱上，同样的东西，在眼里心里竟然会变得如此诱人鲜活！

那年刚迷上多肉植物，一开始还是小打小闹，在市场上收集了很多普通品种回来。毕竟是新手，高级的昂贵的肉肉们都舍不得，万一养死，心疼的可不止是钱。看到心仪的品种也都是买些迷你小宝贝型的，一来价格可以承受，二来养大也很有成就感。后来越整越大，为了这些肉肉们，还收集了各种的陶盆、釉盆，变着法子搭配各种的多肉组合，'黑法师'、'佛

珠'等搭配种在了黑浴缸里，爱心的陶盆种上了各种斑斓的景天……

　　到了冬天，天气渐渐转凉时，还特地在阳台上布置了两个大茶几，全部摆上了多肉，把阳光最好的位置全部让给了那些可爱的肉肉们，堆得满满的，看着满心欢喜。每天都会去看好长时间，怎么也爱不够的样子。甚至晚上临睡前，都会拿着 LED 的特亮手电筒照着，一个个看好几遍，揪去每一片残叶，为每一个新长的嫩芽而万分欣喜。每天最暖和的时候一定开

窗给它们透气，更暖和的时候，甚至不厌其烦地上午一盆盆搬出去，下午再搬进来……

种花的人多多少少都有点喜新厌旧，我也是，种过的植物就不大有激情再种了，唯有对多肉，至今还是热度不减。后来的几年又种了很多，有些是从花友那里讨来的，还有些是在花市上买来的进口多肉，越来越疯狂的架势。这些从韩国、荷兰进口的景天类多肉，一朵朵盛开的如玫瑰般，只看一眼，就被勾去了魂，不搞几棵在家天天看着，肯定是不能解馋的。

高温多湿的夏天，肉肉们会比较难挨，大多数肉肉在35℃以上，就开始休眠了。这时候，把肉肉们放在透气阴凉处，基本不需要浇水，就当它们不存在吧，也许叶片会蜷缩，越来越皱巴，像个干瘪的老太太，甚至干得只剩了杆子，让它们去吧，像是已经彻底遗忘了一般。其实这时候的肉肉们，它们也是不想被关注的。

所以等夏天等秋天，等凉爽的秋风刮起，等第一场秋雨带来凉意，这时候，重见天日的肉肉们在阳光雨露的滋润下，不出几天，立刻一朵朵变得水灵起来。

随着几场秋风和秋雨的到来，早晚的天气更凉了，肉肉们一个个开始变色，'星美人'、'冬云'等被冻过后，红通通的，像是冬天小孩们被冻红了的手指头，色彩也更加诱人了。冬天的阳台案前，缺少了春天盛开的花儿，肉肉们却绽放着，最美的样子，最美的颜色，让这个冬天美丽着，也温暖着。

Tips: 多肉植物种植小贴士

多肉其实不需要过多精心的呵护，重要的是给它们最适合的环境，适合的阳光、空气和水分。

多肉植物因为它的叶片或茎杆肉质化，储存了大量的水分，所以即便是几个月不浇水，植株也继续保持着生命力，对于新花友来说，是最简单入手的品种。

很多进口的多肉植物是没有根的，直接摆在盆土上，保持介质的一定湿度，没几天，粉嫩嫩的根系就从底下长出来了。

春天和秋天的养护相对简单，充足的阳光，保持透气通风，正常浇水护理，基本上多肉植物都会表现很好。

冬天的时候，多肉植物一般比较怕冷，低于0℃的时候最好放回室内，很多品种，冬天会休眠，减少浇水量即可。因为低温，很多多肉的叶片色彩会变红，也变得更好看了。

最难管理的是夏天，虽然多数的多肉植物来自沙漠缺水干旱暴晒的地方，但是它最怕的是高温多湿，早晚温差不大，植株在这样的环境下，很容易便腐烂了。所以一般到了夏季，如果气温开始高于35℃，基本就要完全停止浇水了，把多肉植物放置在阴凉通风的场所，甚至可以把植株完全脱盆晾着，直到秋天天气凉爽了，再重新种植，逐渐给水，很快它又会焕发新的生机。

08

院子里的二月蓝

郊野林子下的二月蓝，成片的开放着，他们让春天的气息更加浓郁。

院子里的二月蓝太多，奢侈的剪下做扦花。

其实很多常见的小野花，因为太普通了，很少被重视和欣赏，比如"蓼"，也比如这个"二月蓝"。

我却偏偏喜欢这样的野花，即使在野地里无人欣赏、无人问津，依然很努力地开放，默默地给这个世界带来一片美好。

所以，有一年，在6月花谢的季节，在闵行体育公园采了一些种了，把二月蓝请进了自家的院子里。

接下来，每年的春天，一丛丛蓝紫色的花儿便会如期地绽放在院子的角落。

不用浇水施肥，冬天不需要防护，花期结束后，种子会自行掉落，然后蔓延到院子的外围，秋天的时候，这边那边的出了好多小苗，绿油油的。第二年的春天，更大一丛蓝紫色的二月蓝绽放了。它们就这么默默地开着，即使只是院子的背景也无所谓。

还可以很奢侈地剪下来，插在花瓶里，即使配上艳丽的花毛茛和好望角金盏花，也是那样淡雅的气质！

二月蓝还有很多好处。它皮实，很耐阴，所以在院子靠近篱笆处，即

使有密密的珊瑚做绿篱，它依然毫不受影响地开着花，也很少有虫子。

花后也不用管，到6月底7月初，茎杆都发黄快干枯的时候，再把它拔掉。种子会掉落自播。还有很多很多种子落到了院子的外头，后来的几年，院子外面那片无人问津的荒地上，每个春天会开出大片茂盛的蓝紫色小花，在红叶李下灿烂着，引来无数邻居的羡慕。

其实二月蓝还可以食用，早春的时候，将嫩头摘下，开水烫一下，没有苦味了就可以炒了或拌了吃。不过，我舍不得！现在虽然搬家了，院子也交给了别人。只是，我想，春天到来的时候，那一片二月蓝一定会依约而开！一片片蓝紫色的花儿，阳光下，亮丽在院子里和院子外。它一定也会思念原来的主人的！

从公园采的二月蓝种子播到院子里，每年的春天，它们都如约开放。

09

园丁的秋冬花事

已经9月了，歇夏的日子该结束了，院子里的花儿们都等着园丁收拾整齐，迎接凉爽的秋天和冷冽的冬天呢！

秋天

收种子

院子里，冒着酷热开花的凤仙花、大花马齿苋、牵牛、茑萝等一年生的草花都开得稀稀落落了，大多都结了饱满的种子，有不少早成熟的已经掉在了地上如果想要播种，这个季节是收集种子的最好时期。

播种

两年生的草花，想要在春天绽放在花园里，这个季节就要开始播种了，雏菊、白晶菊、角

董、金鱼草、紫罗兰等，用育苗箱播种，适当遮阴，防止秋日的阳光暴晒，过一个多月，小苗们便可以移栽到院子里合适的地方。如果遇上冬天有暖和的阳光，心急的花儿们就已经开始迫不及待地开放啦！喜林草、花菱草、虞美人等不能移栽的花卉，需要直播，和郁金香等球根植物混植，春天的时候会有意想不到的效果！

小苍兰、酢浆草、葡萄风信子等很多球球们在夏季都属于休眠期，需要起球，保存在干燥通风阴凉的环境。秋天一到，赶紧地给它们配上好看的花盆，一个个入土为安了。有时候即便花园主人忘记了，球球们自己却知道生长的季节来到了，即使被忘记在阴暗的角落，也忍不住开始长出了白白的根须。

分株移栽

其实，院子里大多数的宿根花卉是不需要每年播种的，种上一株，几年后便长出了一大丛，不过株型会有些乱乱的，这个季节便需要分株移栽了。玉簪、鸢尾、萱草、蜀葵等都在秋天进行分株，分出的小苗还可以和花友们分享。在别人家的院子里看到自家的花开着的时候，心里也是美美的。当然，如果犯懒，也可以后拖一下，只要地上部分枯萎至发芽前，分株都可以进行。

给月季、醉鱼草、金银花修剪枝条；把开过花的金鸡菊、蓝色亚麻、醉蝶花等一一拔除；在阵阵桂花的甜香中辛勤地翻地，种上了大蒜、香菜、菠菜……而那些在睡眠中度过了整个夏天的天竺葵和肉肉们也在园丁的呵护中，畅快地吸收着阳光、水分、肥料。很快，肉肉们变得水灵，缓过劲来的天竺葵们又鲜艳地盛开了。秋天的园丁是忙碌的，也是幸福的。

蟹爪兰

仙客来

冬天

上海的冬天也会很冷，气温最低的时候甚至会到零下5℃以下。不过园丁的冬日阳台反而是一年里最美的时候，花架搬了进来，琳琅满目地摆满了各种的花草。

绿色厚厚叶片的球兰需要经常喷喷水，保持一定的湿润；三角梅、天竺葵们会继续开花，少浇水，施肥勤快些，花儿们会开整个冬天以及接下来的整个春天；秋天种下的各个品种的酢浆草，这时候陆续地开花了，爱心形状的叶片上绽放着一朵朵小巧可爱的花儿，分外迷人；长寿花几乎不用管理，肥嘟嘟的叶片，鲜艳茂盛的花儿不断；仙客来和蟹爪兰是冬日阳台的宠儿，花型都非常别致，色彩明亮艳丽，有了它们，整个阳台像是春天的花园一样。仙客来要注意见干见湿，等盆很轻叶片微微发软的时候，浸盆吸透水，差不多又能坚持一周左右的时间。

可爱的肉肉们是这几年刚迷上的宝贝，但是它们多数都很怕冷，所以一到冬天，阳台上最明亮的位置便让给了它们。屋子里开着空调，会比较干，小红陶盆又特别透水，所以隔几天便需要补水，而中午最暖和的时候，还会打开窗户给它们透气。于是肉肉们在精心呵护下，一个个红扑扑、水灵灵的，茁壮而健康。

而外面，冬日的院子却是另一番景象了。

宿根类的醉鱼草、锦带、绣线菊等几乎都掉光了叶子，光秃秃的只剩了枝条；修剪得短短的月季们，带着几片黄黄绿绿没了生气的叶片在寒风中瑟瑟发抖；铁线莲早就掉光了叶子，修剪后只剩了几根可怜巴巴的铁丝样枝条，不过看到盆上堆着厚厚的肥沃的鸡粪以及枝条上爆满的芽点，来年春天一定又会绽放最美的姹紫嫣红；还有很多裸露的泥土，底下埋着的是洋水仙、番红花、郁金香等球根们，一个个都在默默地努力地长着根系。

　　不过那些不怕冷的草花们：角堇、欧报春、紫罗兰、金盏菊等，红蓝黄紫地点缀在院子的各处，给萧瑟中的院子带来一抹难得的鲜艳。最喜欢黄色玛格丽特，四季常绿，花期超长，能在上海露地过冬，甚至到了下雪的时候，

还有些许金黄色的小花坚持开着。院子里还种着不少菜，青菜、菠菜、大蒜……绿油油的一片片。

　　当然冬天的园丁最喜欢做的事情，还是在阳光和煦的上午，捧一杯热乎乎的咖啡，窝在明亮的落地窗前的大沙发里。茶几上摆着的白色瓷瓶，刚剪下的几枝蜡梅沁香怡人，小狗娜鲁紧靠在脚旁晒着太阳，岁月静好！

亚麻

玛家小院，就像我的第三个孩子，

在它身上付出的心血，甚至不会少于我的两个孩子。

然而，这个孩子也从来没有让我失望，

总是用满园的花草来温馨着我，

也让孩子们的童年更快乐。

这里满是故事，是我一生的记忆！

第三辑

玛家小院，
我一生的记忆。

01 | 种花种成超女

花园主人玛格丽特在花园里。

每一个种花的妹纸到最后都变成了超女！不是芒果台那个超级女生啊，是女超人。

她从一个大近视眼变成了火眼金睛，从一个温婉柔弱、小鸟依人般的小女子竟能独自搬盆栽树、力大无穷；原本是衣服上占个虫子都要哇哇叫上半天，变得除害虫不留余地、捏着虫子面不改色；原本走路慢悠悠还会经常崴脚，如今竟能健步如飞；最关键的是，这个小女子已经变得勇敢、无惧、细心！

火眼金睛

包包不见了，笔不见了，手机不见了，拿着钥匙找钥匙更是经常发生的事情。然而，就是这么一个近视眼加马大哈，种花后成了火眼金睛！

早春的时候月季枝条上的新芽刚有些泛绿，便立刻被发现；铁线莲在土下的新芽还没冒出来，只是根部土壤有点松动，马上又被发现了；郁金香新冒出来的花苞、三角梅新发的枝条、球兰新长的叶子、甚至旱金莲种子播种后刚冒出来一丁点儿绿意，或者土壤太干太湿、老叶子有点发黄发软，或被蜗牛吃过、枯萎病、白粉病，还有月季新枝条顶端伪装成嫩绿色的蚜虫……都没有一个逃得过超女的火眼金睛。

从业余到专业，这个小女子还能只从种子、叶子或者花苞就能分辨出不同的品种。天竺葵花瓣颜色的一点点不同、多肉叶子色彩的一点点差异，或者只看一片叶子，就能清楚地知道什么品种，什么名字，开什么样的花，喜湿还是忌湿，喜光还是喜阴。这个火眼金睛的本事，小女子种花后几年便逐渐练成了，如今级别还在不断上升。

力大无穷

怎么说也是女生，虽然不一定娇滴滴，力气活却是干不太动的。 然而种花之后……

200 斤的泥炭，搬不动？拖！没地方下手？找个旧床单兜住，继续拖！

巨大的陶盆需要移位置了，搬不动？也有办法，把花盆倾斜一点，花盆的底部不是圆的嘛，然后就可以慢慢滚啊滚，一直滚到需要它在的地方；再搬不动，也难不倒超女，把植物挖出来、盆里的土都倒出来，继续滚……

开车经过野外，突然发现路边一块石头，越看越觉得它就适合在院子的某一个角落摆着，不禁开始幻想在石头周围该配什么样的花草。回来又想、再想……忍不住第二天又开车过去，实在搬不动，还会喊

个伙伴，于是两个超女，都面红耳赤、满头大汗，总之要把它据为己有才安心。

还有自己开车出去买黄沙、砖头、小石头、大石头……用砖头铺出杂物间，用大石头布置围边，小石子和青石板铺路，还有种花、刨土、换盆，安置各种架子、花盆……手上长了老茧，骨节也变大了，手臂也变粗了，种花的小女子便成了力大无穷的超女！

飞檐走壁

这个本事是赶鸭子上架，被训练出来的。

先是篱笆外的珊瑚长得太茂盛了，挡住了院子的阳光和通风，篱笆外的杂草也是放肆疯长，每次都是兜很大的圈子到外面去拔、去剪。经常绕圈子，小女子就不高兴了。于是，便学会了从篱笆隔柱上翻过去，再翻回来。越来越熟练，越来越身轻如燕。

　　院子里的那棵蔷薇'七姐妹'，每年都长得特别欢，新枝条一年能长 3 米多，于是经常"红杏出墙"去侵占隔壁和二楼邻居的领地，小女子只好冒着蔷薇的尖刺，爬到围墙一米多高的隔断上，修修剪剪。这是每年秋天不得不干的事情。

最要命的是修剪葡萄，需要爬到了2米多高的葡萄架上，这个难度比较大，需要桌子，椅子一层层垒高，然后抓住顶端的木条，再翻上去。还要避免弄断架子上细的木条，身体还要扭成不可思议的角度，防止衣服被弄脏，还有桌子、椅子也不太稳……尽管难度非常大，但是依然难不倒种花超女的。爬上去，一手扶着藤架，一手拿着笨重的枝剪，脚踩着葡萄架的木条，还需要给葡萄和金银花准确定位要修剪的枝条……

这个飞檐走壁的本事，估计一般级别的超女是做不到的。自豪一下！

铁汉柔情

当然种花的超女不仅勇敢，也很温柔的。

这里的勇敢已经不是裸手捧着脏兮兮的植物根系或泥土，见到害虫手起刀落、毫不留情，或者被月季的刺划伤出血，丝毫不皱眉头。这个勇敢是作为一个女人，种花后便不再化妆、不再涂指甲、不再穿裙子，夏天烈日下暴晒成黑妹，冬天冷风中手指头干裂粗糙。从一个妩媚娇嫩的小女子，变成一个粗糙憨厚的壮女汉子，这需要多大的勇气啊！

还有，超女们最大的特点是充满和细心、爱心和温柔，像是美国大片里的那种"铁汉柔情"，即便已经成了不打扮不臭美的女汉子，但是只要一看到心爱的花草，立刻充满喜悦和柔情，细心地擦去叶子上的灰尘，修剪去每一朵开败的残花，温柔地给铁线莲枝条牵引绑扎，小心翼翼地浇水不冲走花盆表面的介质……那份爱，那份痴狂、痴迷、痴颠……不解释！花友们都理解，不是花友的也理解不了。

我是种花"超女"，因为我爱花花草草！

02

花园里的战争

大女儿沐恩配的插图作品。

　　女孩子嘛，总是会怕各种虫子的，像蜈蚣、蜘蛛啊什么的。像小女儿瑞恩这样见到西瓜虫，淡定地一脚踩死的女生属于极品。

　　我是从小就不喜欢虫子，虽然不是很害怕，但是看着会觉得恶心。种花之后的很长一段时间，见了虫子还是有点手足无措、不敢下手。眼巴巴地看着蚂蚁在院子里安了巢穴；看着蜗牛把花瓣、嫩叶啃得乱七八糟；看着潜叶蝇在铁线莲的叶子上留下一条条黑线……终于开始忍无可忍。就像看过的一个小故事，本来怕狗的妈妈，在孩子被狗狗欺负的时候，立刻变得勇敢了起来。为了那些心爱的花草们，小女子也渐渐地强大了起来。

　　蚂蚁是最早在院子里安家的，从掉落的葡萄到墙角，从架子上的丝瓜到花盆，甚至从院子到屋内的厨房，经常能看到一条条黑乎乎的行进道蜿蜒的黑线。一开始还并不觉得有什么太大的危害，渐渐的，蚂蚁们越来越多，终于在一次翻盆的时候，发现好几个花盆里竟然有蚂蚁的巢穴，里面是密密麻麻的蚂蚁卵，顿时头皮发麻！那几盆植物一直长得不是很好，也终于找到了原因。其实之前也买过杀蚂蚁的药，没啥效果。这次见到那几个花盆底下的蚁穴，终于决定痛下杀手！其实很简单，发现蚂蚁的巢穴，用烧开的水淋透就好。而那次大面积的开水战役之后，院子里再没有蚂蚁泛滥过。

第二场的战役是针对蜗牛，刚开始院子里出现蜗牛的时候，还觉得挺可爱，下雨的时候还带着孩子们专门在院子里看蜗牛，渐渐多起来的时候，也只是把蜗牛摘了，远远地丢到院子外面。后来才发现，蜗牛真是很可怕的害虫，不仅吃叶子，还吃花，更不能忍受的是在被吃得残破七零八落的花瓣背面留下黑色线状的排泄物。它们白天的时候躲起来，找也找不到，晚上或卜雨天，便出来猖狂地活动。这种东西还超能繁殖，会"变性"，只要有两只蜗牛遇上，于是两只就分别变成雌的和雄的，立刻开始交配繁殖，于是院子里的蜗牛越来越多，除也除不尽。即便把它丢掉，它还是会凭着记忆路线回到原来的地方。

后来再找到蜗牛的时候，我会拿个塑料袋装起来，收集一些后扎紧丢到垃圾桶，人道灭亡。但是后来，院子里蜗牛越来越猖獗，花草们被蜗牛祸害得也越来越惨，对蜗牛的仇恨也就越来越深，每次抓到都恨不得千刀万剐。于是再也顾不上人道了，抓到蜗牛，恶狠狠地用砖头把它砸扁，有时候就直接用枝剪直接剪成两段，蜗牛的壳比较薄，很容易剪。

这些年，对蜗牛的战役其实一直就没有停过，似乎总也杀不完，一下雨就出来了，也不太敢用专门的杀蜗牛的药，那种颗粒状的药，撒在表土，虽然蜗牛爬过便会死亡，但是药毒性大，对土壤有危害。更多还用物理的方法，比如直接用手捉，或还可以夜里在花园里放几个小碗，里面倒上啤酒，蜗牛闻着甜味便爬过来了，一晚上可以捉到几十只蜗牛。

还有鼻涕虫，和蜗牛一样会吃嫩叶和花，还留下亮晶晶的鼻涕样痕迹，特别恶心。白天它们会躲在花盆的底下。小时候将盐撒在虫子上面，很快，黏糊糊的鼻涕虫就化成了水。刚开始也这样对付鼻涕虫，后来遭遇多了，不管手上是铲子、还是剪子，手起刀落，鼻涕虫立刻变成两段！其实自己也觉得蛮残忍的，但是为了心爱的花儿们，终于渐渐变得心狠手辣。

蚜虫也很可恶，天气一暖和就出现了，总是在新长出的嫩梢吸食植物的汁液，繁殖还特别快，密密麻麻的。蚜虫不多的时候会担心喷药对花草不好，有时候就直接赤手空拳上阵，直接用手把蚜虫捏死，噼噼啪啪的，手指头上立刻沾满了蚜虫的绿色汁液。放在以前，隔夜的泡饭都呕出来的。多的时候，则还是用药。

种了很多的花，和害虫们的战争也从来没有停止过，红蜘蛛每年5、6月份就开始泛滥，在铁线莲的叶子上留下星星点点的黄色；蝴蝶虽然美丽，她的前身毛毛虫却很可怕，月季的枝条上没几天便被啃成光杆，留下叶脉的残迹；还有地老虎，会吃植物的根系，一条条白白胖胖的，在土下根本不容易发现……在保护花草和虫子们不断地战争中，小女子变得越来越心狠、手段越来越残忍，终于成了一个"杀人不见血"的猛女！

为了护好花，后来还在微博上征集各种杀虫高招，引起强烈的反响。真没想到我自认为残忍的手段与之相比，真是小巫见大巫啊——

@燕燕要开源节流：最讨厌东风螺，我喜欢扔到马路让车碾死。长春花上的大肥虫子，我试过用筷子夹住，滴蜡看它痛苦的扭动，然后冲马桶....我是个衰人。（你是个狠人！）

@雪羽鸟：蜗牛还可爱点，最恶心的是裸奔的蜗牛，我看见直接洒盐，看它最后化成一滩水。后来直接买药，洒在这些软体动物出没的地方，它们吃了之后，身体脱水干掉。我经常去看看有多少干尸我是不是变态。（同意，变态的！）

@穿越家的花园：我对待鼻涕虫和蜗牛就是用筷子全部夹到塑料袋里，加盐封死后摇匀扔垃圾箱，自己都觉得好残忍，胃里翻腾，为了我的花花，我必须忍住，对待敌人仁慈，就是对花花残忍。（残忍的同时还给自己找光明正大的理由。）

@__小角落__：透明胶带卷成小细杆去粘蚜虫、红蜘蛛，婉约而披靡。（这个婉约，还超有创意！）

@勤劳唯尼熊：对于那种长尾巴很大的青虫，镊子太短不敢用，棍子又扒拉不下来，我用点燃的香去烫，然后掉下来狠狠踩死。（烫过的香还继续用吗？）

@嘟嘟花儿：之前用盐或者塑料袋，后来觉得反而恶心。现在都是直接用脚在地上拖碾至无形，化为尘土为止。我备有一双杀虫专用鞋。看来还是我比较仁慈，蜗牛鼻涕虫拣到一概丢出院外，只有对蚜虫粉蚧绝不心慈手软，用手指杀无赦！（蜗牛鼻涕虫丢到外面后还会爬回来的。）

@远--wang：在花圃老师傅们一般都是放上几块西瓜皮，就会把蜗牛都引过来大小通捉，不用盆里盆外地捉了。（还可以使用啤酒、苹果皮什么的。）

@露台春秋wendy-馨妈：少量蚜虫手指捏之，大量蚜虫香烟水喷杀之；青虫蜈蚣等爬虫手起刀落，一分为二后鞋底踩之，咔嚓鼻涕虫和蜗牛同等待遇。种花三年，杀生无数，阿弥佗佛……（这个阿弥佗佛……虚伪！）

@楹菊：呃，友情提醒下喜欢踩蜗牛的同学们，我记得以前曾有人在藏花上贴过，蜗牛是不能踩的，踩了虫卵也会溅到处都是，然后发育成小蜗牛的。

@不许不亮：作为邪恶技术宅，我小学时候的玩法有：塞到插座火线里；放大镜聚阳光烫死；各种鞭炮炸死；包到红泥里变木乃伊；让蚂蚁凌迟；酒精红烧；滴浓硫酸；塞到气枪枪管里击毙；做飞镖活靶；木棍插后背变金龟子风扇；从电风扇后面扔进去碎尸；油炸吃掉；鼻涕虫蜗牛扔盐里……主啊，饶恕我吧，我实在杀虫如麻，罪恶滔天。（哇咔咔，没有人比你更邪恶变态了！以你的N种方式作为压轴吧！不会再有人超越你啦！）

03

花痴淘花记

正在淘花的花痴主人玛格丽特。

　　种的花越多，品位也越来越追求个性、特别。特别造型的多肉，独特的花草品种，孤品花盆或花架……嘿嘿，每一个亮出来都是能博眼球的。也所以，每次去花市，这家那家的，大路货看都不看一眼，还经常去垃圾堆里去翻找。偶尔真的发现宝贝的时候，便是意外的惊喜。

花痴曾经淘货的店铺。

　　去多肉铺子，那些鲜亮的肉肉们都难入我的眼，反而是那些被店家嫌弃搁在一旁的肉肉，从中能淘到宝贝，比如有一次就淘到了一棵多头的白牡丹，当时还得努力抑制住心里的喜悦，假装贪便宜压价。但几次下来，对我们这些喜欢从垃圾堆淘出宝贝来的花友，店家对我们的心理已经了如指掌，之前的策略也渐渐失灵。于是，本来他们卖3元的东西，开价变成了10元或20元。我每次都是属于战败方，不会讨价还价的。

　　新桥花市非常大，在某一处角落是个很大的垃圾场，早就听说那里能淘到宝贝，但是从来没去过。那天车开错了方向，发现了这个垃圾场。我和馨妈、干妈、烟雾和老谢几个人，像海盗发现了宝藏一样的，兴奋地一齐扑向垃圾场，翻翻拣拣，无限留恋，久久不愿离开。直到把两辆车都塞满为止。那天我们的收获是：很多盆红掌、发财树、兰花，以及很多特别

花痴曾经淘货的店铺。

的花盆，有的有一点点破，但是残缺就是美，有时候要的就是这个范儿。从此一帮人都爱上了那个垃圾场，基本每次去都要去巡视一番，才算逛过新桥花市了。

细数在这几年从尾货、垃圾中淘来的宝贝，还真不少！淘货的水平也越来越高。比如一盆人家养了多年的白肋，7、8个芽，正开着花，还配了一个古典的画着牡丹的瓷盆，才30元；

老式的水缸样的紫砂陶盆，才10元和15元，也被我从一个卖陶盆的

花痴经常去淘花的店铺。

店家那里翻出来，又透气又特别。

　　还有这个小盆，也是在新桥的新新花园家淘到的。当时一点点小破，还长满了青苔，特别的有味道。里面种的多肉初恋，刚开始都快枯了，但看中它是多头的，所以带回家，养了没多久，就水灵地出水芙蓉一般。

花痴还曾列入四川海帝的花园去参观，也淘过货。

　　当然也会被坑。闵行的北桥有一家卖多肉的店家，经常有一些比较特别的东西，吃准了我们这些翻垃圾搜寻奇珍异宝的花友。于是，便向我们兜售号称是用日本进口种子播种的植物，于是35元一小盆兴高采烈地买了，回来一查，原来就是用火龙果的种子种的迷你小盆栽，气死！以后那家便再没去过。

04

花痴爱上摄影

　　在这样一个信息大部分通过微博、博客、论坛、QQ 群……网络手段获得的超时代，花痴不会摄影，那是完全不合格的。不会摄影，怎么能呈现花草的美丽呢？

　　2002 年我拥有了一个佳能 S30 的傻瓜机，当年还是 300 多美元托朋友从美国买回来。如获至宝！最早发在论坛上的很多花草园艺的照片都是用那个数码傻瓜机拍的。傻瓜机自有傻瓜机的好处，什么都不用调，直接可以拍，当然拍的图片现在看来是惨不忍睹。

　　傻瓜机上还有一个小花的图案的，那个是微距功能，用了好几年不知道。突然在论坛上获悉还有这个功能，便开始泛滥使用，拍了很多近景的花草，发在了搜狐焦点园艺上，后来百度百科植物的时候，竟然到现在还有好多是我当时傻瓜机拍的图片。

　　那时候虽然用傻瓜机拍照，但是当时种的花草、院子里的各种炉子、长颈鹿、小木桶等都非常吸引花友的眼球，大家自然便忽略了我的摄影水平，发的照片依然赚了很多口水。在显摆的过程中，照片自然越拍越多；而在花友的口水中，竟然也有不少说"拍得真好看"的声音，有些照片甚至被约稿上了杂志。于是，盲目的自信心越来越膨胀。

　　在傻瓜机拍照片在论坛上显摆的过程中，我遇到了我的伯乐：蔡丸子同学，一直以来，她总是不离不弃地，"违心地"鼓励着我："构图很好"或者"感觉不错"等等。于是菜鸟的我更加盲目地、充满激情地拍照、上网，等着她的每一句肯定。

　　直到有一天，丸子说："你该换单反了"！理由是数码相机拍出来的照

片像素不够，登在杂志上就不好看，也不够印刷标准和级别。太有说服力的理由了！她还说，自己换了单反之后，就发现以前傻瓜机拍的照片根本没法看了。

于是 2008 年春天刚刚到来的时候，终于去买了一个单反，尼康 D80，18-135 镜头——配置和丸子的相机一模一样。我着实是她的忠实粉丝。

只是很不好意思地说，在买了单反之后的很多年，一直都在用 AUTO 档。入了单反却当傻瓜用，光线好的时候还能拍好，一到下雨阴天彻底没辙。差别只是图片的清晰度比以前高了。

之后的几年一直就这样，即使在丸子告诉我可以用 A 档，也就是光圈优先档的时候，我还是不会调。

真正开始找到摄影灵感是在 2011 年。经常在群里聊天，看着馨妈拍的照片真好看呀！这水平，一样也是尼康 D80 呀，差距怎么这么大的呢？在把单反当傻瓜用了 3 年之后，俺终于开始有了羞耻之心……于是跟着馨妈先学会了用 A 档，里面可以调节阳光模式或阴天模式，还可以调节 ISO，阴天的时候馨妈一般调到 200，真的是头一次才发现的哦。于是阴天状况下我也会拍花了，本来都是拍糊的，汗！

但差距依然非常大。为啥呢？自身原因先不找，第一个先怪镜头，因为专家都说尼康的 18-135 镜头是"狗头中的狗头"呢。所以就换镜头了！馨妈是 50/1.8 的定焦头，我就上个更高级的 50/1.4！

说实话，拍花草，一个定焦头真是很重要。换了定焦头后，终于开始找到一点摄影的感觉，技术也逐渐开始有所提高。

　　尝到换镜头的甜头之后不久，又继续败家，购一个"18-35"，号称"银广角"的风景头，为了西藏和新疆的旅游。

　　从最开始用的傻瓜相机，到现在设备升级，水平还是感觉比以前提高了很多。虽然现在回头看以前的照片，觉得根本无法入眼，只是当时却不觉得，依然自我感觉良好。或者说，在摄影成长的过程中，无论哪个阶段，这无比强大的盲目的自信心始终如一，其实，有了这样的自信，才会更有激情和热情去投入吧。

05

种花也有悲惨事

大女儿沐恩配的插画作品。

种花到现在，因为自己养护不慎，花儿们被干旱、大雨涝的、各种病虫害、还有老鼠、野猫和家狗等残害的……各种的悲惨故事，枚不胜举！

所以说，大多数的种花高手，也都是踩着无数花草的尸体走过来的。

之一：我的故事

最早曾经家里养了一盆巴西木，直直的杆子上绿油油的叶子也是喜人，给单调的居室增加了不少绿意，突然有一天，家人把喝剩的鸡汤浇了上去，美其名曰给植物施肥，如此的营养很快就让巴西木发黄发黑，不久也就剩了光杆了。

院子里的黄色玛格丽特花开不断，新长出的小花骨朵一粒粒圆溜溜的，

煞是可爱。孩子也喜欢上了，一不留神，摘了一捧小花球，原来的花枝上便只剩了杆子。

三角梅一直就很喜欢，有了院子后立刻便买了几棵种下，想象着可以攀满整个窗台前的廊架。不过刚开始种花，对三角梅的习性完全不了解，根本不懂它原来是南方植物，需要不低于5℃才能过冬，于是冬天才刚开始不久，几棵三角梅便都香消玉殒，默默伤心了很久。

还养过水仙，每天在窗台上放着，勤快地换水，阳光温暖地照耀着，屋子里的空调也一直都开着，绿绿的叶子飞快地长着，长着，然后就长成大蒜的样子，满满的一盆，需要用个绳子扎着才不至于倒掉。叶子吸收了大部分的营养，等花茎终于抽出来，花骨朵也没剩几个，很多都空心的了。其实水仙需要充足的阳光，却不能温度太高，不然光长叶子不开花了。我想很多人都有养水仙养成大蒜的经历吧。

红花酢浆草经常看到，花期很长，雅致的小粉花非常美丽。刚有院子的时候，特地从老家的邻居门前挖了一些，种到了院子里，没想到很快便泛滥成灾，每年的秋天，根系处会长出很多小球，翻土的时候便带到了其它地方。之后的很多年，一直都在到处清除这些小球。同样泛滥的还有铜钱草，最开始是一个花友带来的几小节，如获至宝地种了下去，生长特别迅速，每一节都很快扎根土壤，成了院子里酢浆草之外的另一个无处不在的梦魇。

之二：遇上勤快人

还有些花草的伤亡会比较无奈，比如遇上某些勤快人。

最悲催的是，有一年秋天，阿姨帮我院子里除杂草，把一棵铁线莲

'总统'连根铲除了！要知道，2005年的时候，一棵大苗的铁线莲有多珍贵啊！但是又不能责怪好心的阿姨，所幸，土里留存了芽头，竟然第二年春天又长出了新芽，也算是天无绝人之路。

成都的花友说："我最惨的是种的一棵茅草，好不容易养大，专门立了牌子，很大的，写明'不是野草！不是野草！'还是被拔了！"

还有个花友冰箱里存着帮人代买的景天种子，老公某天突然勤快了一下，把冰箱整理了，景天种子啊！最后赔了一万块，欲哭无泪啊！

还有花友在露台上种了不少肉肉们，整个夏天遮阴避阳，极其谨慎地一点点给水，精心呵护。极少上露台的老公，突然某一天就去了，抽烟的时候，正巧看到植物们都挺干，犹豫了一下，还是决定勤快一次，浇水吧！于是，接近40℃高温的夏天，即使傍晚也是热烘烘的没有一丝凉风。肉肉们一个个瞬间成了水煮肉，再无回天之力。

我觉得最悲催的还是花友YANZI，她有个特别勤快的婆婆。YANZI家是个大院子，种了不少花，铁线莲也宝贝似地买了不少回家。那一年冬天，她出差回家，发现勤快的婆婆把院子整理过了！之前种铁线莲的都成了空盆。瞬间，头顶发凉，一问，果然！婆婆说："不是都枯掉了吗？拔出来丢了啊，还帮你把土卸出来了呢！"……那一刻，心都碎了啊，还有苦难言！更有一次，她种了很久的墨兰终于开花，美美地欣赏了去上班，回来，花串没了。婆婆说："花都枯了，帮你剪了！"……

06

院子里的喵星主人

开始的时候，我把它们叫做不速之客。

慢慢地才发现，原来它们才是院子的真正主人。

每天清晨的时候，喵星人会到外面去觅食，然后和小区里和其他喵星人聊天聚会，有时会抽空回来巡视一下院子，或者睡个午觉啥的，到了晚上则在院子角落的空调机下的窝里睡觉。院子是它们的家，而我只是这个院子的园丁，为它们服务的。

第一位喵星主人"灰灰"

第一个喵星主人是有着黑、灰、白三色虎斑纹的"灰灰"。

灰灰其实是所有喵星主人里最温柔的一个，夏天的时候，她会在葡萄架下的吊兰盆里睡觉，阴凉而舒适；秋冬的时候，则喜欢在木台子上的摇椅上躺着晒太阳，不知不觉地眼睛就眯缝起来了；偶尔，她也会在院子里走来走去，看看园丁的花种得怎么样。

我在院子劳动的时候，她会很自觉地走开，从篱笆的缝里钻出去，遛达

喵星主人"灰灰"，要么在花园椅上，要么将花草踩倒，然后躺在上面晒太阳。

一会儿再回来。因为她知道，种花的事情还是要园丁说了算，当然她偶尔也会帮忙，给月季铁线莲什么的施点天然的肥料，然后园丁就会非常愤怒："不懂就不要乱来！"所以灰灰大部分时间还是非常自觉的。而且作为一个爱干净的温柔的淑女喵星人，她把住的地方和排泄的地方分得很清楚。

所以很长的时间，她一直自在地生活在这里，和园丁的相处也非常融洽。

有一年秋天到来的时候，灰灰有了爱情。

园丁有点后知后觉，只顾着自己种花，收拾院子。灰灰越来越大的肚子根本没引起园丁的注意。直到那个冬天，突然有一天，园丁发现了空调机底下泡沫箱里传来了异样的声音。哇，四只可爱的小猫咪！

园丁非常激动，想走近又怕惊吓到小猫咪，只得小心翼翼地远远地看着，都没敢拍照。

女儿放学回家，也激动地喊着去看。几次看多了之后，突然有一天，小猫咪们和灰灰都不见了，好多天都没有回来。还是我们打扰太多了，她觉得不安全，又找了一个她认为安全的地方去住了。

祝灰灰一切都好。

第二位喵星主人"虎妈"

很快，院子便被新的主人接手了。这次的喵星主人很漂亮，但是也非常凶悍，我叫她"虎妈"。

她在院子里溜达的时候，我只是偷偷地通过玻璃窗户给她拍个照，她就很凶地瞪我一眼："你个园丁，How dare you!" 于是，我见她一直有点怕。

偶尔想过把她赶走，但是看着她逐渐丰满的身躯，估计又是有小宝宝了，想想还是算了。再说，也真的不敢。

"虎妈"很漂亮，也很凶，只敢远观，不敢靠近。

果然，虎妈也有了小宝宝，三只，也是在空调机柜的底下，那里有旧的木头花盆，挡风又淋不到雨。温暖而舒适。

园丁也很想去看看小猫娃，但是虎妈实在太凶悍，还没靠近呢，她就全身毛竖起，嘴里发出"嘶嘶"的怒吼。那个气焰，感觉要吃掉我们，只能放弃，躲到家里面去了。

有一次，园丁带着小狗娜鲁过去壮胆，娜鲁没心没肺地就跑过去了，到约还有2米的位置，虎妈"嘶"一声，娜鲁竟然吓得抱头鼠窜，呜呜地跑回家里去了。娜鲁，你是汪星人呢！

虎妈就这么嚣张！

冬天她在院子门口的木头台阶上晒太阳，我在里面看她，她要么不理不睬，要么就凶狠地瞪我。偶尔园丁要去院子劳动，打开院子的门，虎妈就慢悠悠地晃开，临走还是凶凶地瞪我。

几只小猫咪也基本都没见着，只要我不在，它们就在院子里瞎胡闹，把萱草的叶子揉软做成它们休息的地方；花花草草也是随便踩踩弄断；最靠近她们窝的铁线莲小绿刚开花，就被连根咬断；还到处便便……虎妈和她的喵星娃们的罪行真是罄竹难书啊！

真怀念以前的那个温柔的小灰灰啊！

有一天，正好买花回来多了一个大小合适的泡沫箱，园丁就发了善心，趁虎妈出去觅食的时候，把原来的破木箱换成了泡沫箱，想给虎妈和小猫咪们一个新的更舒适的家。

可是，虎妈却搬走了！

第三位喵星主人，非常可爱。

第三位喵星主人

虎妈搬走的两年之内，喵星人你来我往的，院子也一直没有固定的主人。正好庆幸花草们不用再遭殃了，新主人又来了。

这次她选的地方竟然是我种小铁'乌托邦'的大盆，都是上好的泥炭，柔软而舒适，也不太浇水，十十的。然后，喵星人就把小铁的枝条弄断，做了一个舒适的床，新发的芽，还没来得及长出来，就被喵星人的屁股又折断了。无奈又生气，园丁在喵星人的床上放了两块砖头，竖着的！哼，喵星人，看你这下子怎么睡！

什么也难不倒喵星人，她很快就换了一盆小铁，这次遭殃的是铁线莲'吉利安刀片'，看到被糟蹋的"刀片"，我仿佛听见喵星人一直在窃喜和嘲笑："哈，竟然叫刀片"？

园丁这次已经没有更多的砖头了，而且，挽救了刀片，还有红衣主教，还有那么多其他小铁怎么办？

园丁已经疯掉了！在和喵星人不断斗争中，园丁终于学聪明了，这次是把老的浑身是刺的月季枝条剪成小段，插在小铁花盆里。全是刺，看你怎么睡！

结果是：小铁终于被挽救了，还有月季发芽了，哈哈！这位喵星人转来转去，最后爬到葡萄架的柱子上，无限幽怨地看了我一眼，转身离开了……

照片上才发现，这位喵星人又有小宝宝了，不知道她最后会在哪里安家。希望她和宝宝一切平安！

07

长颈鹿的故事

这个长颈鹿花器在我们家可是有年头了，绝对算得上院子的元老之一。关于它的来历，还是要从疯狂折腾花园、到处买花买盆的 2004 年说起。

上海老沪闵路上有一个大汉花卉市场，我家离得还算近，经常去逛。那个时候大汉老板好像还是台湾人，里面很多店家和苗圃，也是年宵花市场最热闹的地方之一，不像现在这么没落。中厅的大卖场里也是各种商家，经常能遇到推广活动，不少外贸公司还会在那里摆些园艺产品的样品卖。

有一次我和先生又逛到那里，不经意看到了这个长颈鹿花器，很是喜欢，便问旁边的美女销售员："这个长颈鹿多少钱？"美女说："1200！"我一听立马断了念想，讪讪地说了句："200 元么，我还可以考虑。"转身就离开了，实际上 200 元我也觉得太贵。

没想到过了一会儿，先生过来说他200元买了那个长颈鹿了。天啊，200元买个花盆！可是，这个价格是从我嘴里说出来的，还不好意思退货，只好在心里暗暗嘀咕："这家伙看到美女就没了方向！"

后来发了图片放到论坛上，大家都很眼馋，还只此一个，孤品，再也买不到了，心里总算稍微平衡一些。这么些年来，看着这个长颈鹿为我们家院子所作出的贡献，更是觉得这200元花得太值了！

其实刚买来的时候长颈鹿的颜色不是很好看的，一段时间的日晒雨淋后褪色得更厉害了。后来专门去买了不褪色的广告画颜料，带着小沐恩一

小沐恩给长颈鹿花盆描上美丽的花纹。

沐恩"喂"长颈鹿"喝水"。

起给长颈鹿重新涂了颜色。沐恩还给长颈鹿涂上了红耳朵和红脸蛋，特别可爱，也比刚买来的时候生动了很多。

长颈鹿其实是个树脂材质一次性成型的花器，很轻，容易搬动，也不容易碰坏。背上空心的，可以用来摆放花草，底下还有漏水孔，下雨天也不会积水。

我喜欢里面摆上盛开的粉色玛格丽特，有两年的春天都是这样的搭配，长颈鹿像是穿了件粉色鲜花的衣服，美美的。有一年最辛苦了，身上驮着一大盆紫色假玛，耳朵上还挂着一大袋子的角堇，不过看着金色灿烂的菜花，一旁还有后来加入的小熊做它的朋友，它还是很心满意足的。

就这样它总是背着美丽的花，在美丽的院子里，安详地守护着这片美丽。最近两年背的是蓝色的铁线莲，有'紫罗兰之星'、'中提琴'，还有重瓣的'薇安'。长颈鹿自己也觉得这个颜色挺适合它的。有时候，它也会从矮蒲苇或铁线莲的叶子缝中好奇地看看其他的朋友。

其实大部分时候，它更愿意自己是个配角，作为一个花器，甚至只是作为一个背景，把花儿们衬托得更加美丽。我想，长颈鹿来到我们家的院子，应该是幸福的。我也是幸福的，为能够拥有它而感到幸福。

08

花园里的小精灵

当年买带院子的房子，主要是因为想给大女儿沐恩更多的活动空间，也可以带她一起种花种草，感受大自然的神奇美妙。后来花园主要成了花痴妈妈的世界，甚至有时候孩子们还会抱怨："妈妈，你怎么总是在花园里种花，不陪我们玩呀！"

但我知道，因为这个花园，孩子们的童年拥有了更多的快乐时光……

在做葡萄架的时候，用多余的木板给沐恩做了一个

小女儿瑞思。

孩子们的欢声笑语，是院子里最动听的音符。

简易秋千，乐得她连蹦带跳的，每天放学后都会直奔院子去荡秋千。还常常邀请她的小伙伴们一起来，非常自豪和满足。后来小女儿瑞恩出生，又买了一个婴儿秋千，两个孩子面对面地一起荡，铃铛般的笑声洒满了整个花园。院子的草坪上曾经有几块青石板，它们也变成了孩子们玩"跳房子"游戏的道具。

春天的院子，各种的花儿盛开，孩子们会帮着浇水，修剪残花；或者剪一大簇花儿，用瓶子插起来。月季盛开的时候，她们装满一篮子的月季花瓣，换上漂亮的裙子，在家里撒花瓣，扮新娘游戏。

夏天的时候，木台子上放一桶水，孩子们光着脚踩来踩去，用水枪相互射得浑身湿透，被蚊子咬了好几个大包竟然也丝毫不觉得，依然嘻嘻哈哈的。

——院子是她们的游乐场！

院子像是一个小小的植物园，孩子们不但认识很多植物花草的种类，也了解花草的生长历程。院子里还有不少孩子们的小伙伴，小狗"娜鲁"、来来往往的野猫、对面树上的小鸟、地上的蚂蚁、花儿上飞舞的蝴蝶……甚至妈妈最讨厌的蜗牛，她们看着也开心，抓到了大大小小好几只，放在一起，还说："妈妈，这是蜗牛一家"。妹妹用瓶子装了几只蜗牛带到幼儿园，竟然还换了一个玩具回家。

冬天的上海偶尔也会下雪，她们在花园的木凳子上按下大大小小的手印，会为依然在雪中盛开的玛格丽特、紫罗兰感到惊讶，会为蜡梅的清香而陶醉；贝壳形的小鸟饮水盘结了冰，她们乐此不疲。

——院子是她们了解大自然的窗口！

看着妈妈种花，才 3 岁的妹妹瑞恩也忍不住动手，把五颜六色的彩色宝石种在了花盆里，希望可以发芽长大，开出彩色的宝石花来。

她们还给长颈鹿重新涂上美丽的色彩；给小花绑上美丽的丝带；把玩具自行车放在小熊旁边为它作伴；在鸟屋里撒上米粒，希望小鸟来安家……

——院子也是她们的童话世界。

院子就是童话世界。

"小乖女，你在想什么呢，我的眼睛被挡住了哦。"长须鹿说。

　　葡萄成熟的季节，姐妹俩会在葡萄架上找寻宝藏一般，寻找成熟的葡萄。秋天会跟着妈妈在院子里种菜，把大蒜头一瓣瓣播下插到土里，帮妈妈翻土，还围出属于自己的一块小菜地。当看到大蒜、青菜冒出了嫩芽，惊喜地呼叫着。当看到蔬菜的嫩叶被蜗牛啃得乱七八糟，也不由得跟着妈妈一起痛恨起了害虫的可恶。

　　——院子也让她们体验付出与收获的喜悦。

　　……

　　有一次沐恩的作文里写："春天闻花香，夏天吃葡萄，秋天落叶雨，冬天雪茫茫。"我知道，这个花园，已经在她们的心中播下了一粒神奇的种子，伴随着她们的成长，会生根、发芽、开出最美丽的花儿来。

09

致我深爱的"玛家小院"

最近不断有朋友问我："这么漂亮的院子，你怎么舍得放弃？"

回答：人生总是在不断的放弃中，连自己的生命都终有失去的一天，还有什么是不能放弃的呢？

这样的回答很释然豁达，但其实我并不是这样的心境。

我深深地爱着我的院子。

我的院子，就是我的第三个孩子，在它身上所付出的时间和心血，甚至不会少于我的两个孩子。每日忙完家务事，唯有来到这个院子，才感觉来到了完全属于自己的世界。

长颈鹿、铁炉、小熊、风铃；亲手搭的花架、亲手编织的竹篱笆、开很远的路从百安居买回来的木栅栏、到处淘来的宝贝……它们都完全地印

院子里有一个小木桶，种过了美丽的六倍利、角堇和紫罗兰，终于碳化木的花盆腐烂了，外面的铁皮也锈蚀了，一片片散去，本来还想着把木片烧掉，灰洒在院子里，也算多情地留下。后来，终究还是丢进了垃圾桶，这样的归宿，于心不忍中，又无可奈何。

在脑海里。曾为了它而累得腰酸背疼、满手血泡；曾经呆呆地在院子里坐几个小时，看着它的点滴变化，惊叹它的美丽；曾为它摘去里面每一朵残花、每一片枯叶，为花儿松土施肥，小心翼翼怕伤到它们；也常常冒着倾盆大雨，把忌涝的花儿一盆盆搬进屋子……

　　我如何会舍得我的院子？

秋千上孩子们的嬉戏欢笑声、沐恩因为心疼小鱼洒下的泪珠、差不多和瑞恩一样高的丝瓜、葡萄架上垂下来的串串葡萄……一件件，如何舍得放弃？

可是终究还是放弃了的。

最珍爱的东西，早早晚晚，终有会离开的一天。花儿枯萎了，院子离开了，孩子们也终将慢慢长大了……春华秋实、花开花落、潮来潮往，如流水溜过指缝，美好的东西总是短暂的。

只是，我明知道这样的道理，写着写着，伤感还是如潮水般涌来，不能自抑。

留下曾经美丽的身影便已足够；曾带来过美好的心情便已足够……刹那便是永恒！感谢有你——曾经的玛家小院！

图书在版编目（CIP）数据

从菜鸟到花园达人 / 玛格丽特著. – 北京：
中国林业出版社, 2015.5（玛格丽特手札）
ISBN 978-7-5038-7953-1

Ⅰ.①从… Ⅱ.①玛… Ⅲ.①花卉－观赏园艺 Ⅳ.①S68

中国版本图书馆CIP数据核字(2015)第072622号

欢迎关注中国林业出版社官方微信及天猫旗舰店

中国林业出版社官方微信　　　中国林业出版社天猫旗舰店

中国林业出版社·环境园林出版分社

策划编辑：何增明　印芳

责任编辑：印芳

出　　版：中国林业出版社（100009 北京西城区刘海胡同 7 号）

电　　话：010 － 83143565

发　　行：中国林业出版社

印　　刷：北京卡乐富印刷有限公司

版　　次：2015 年 5 月第 1 版

印　　次：2015 年 5 月第 1 次

开　　本：700mm×1000mm　1/16

印　　张：9

字　　数：320 千字

定　　价：29.90 元